Berichte zu
Pflanzenschutzmitteln
2011

Berichte zu Pflanzenschutzmitteln 2011

Jahresbericht
Pflanzenschutz-Kontrollprogramm

BVL-Reporte

IMPRESSUM

Bibliografische Information der Deutschen Bibliothek

Die Deutsche Nationalbibliothek verzeichnet diese Publikation in der Deutschen Nationalbibliografie; detaillierte bibliografische Daten sind im Internet über http://dnb.d-nb.de abrufbar.

ISBN 978-3-0348-0539-1
ISBN 978-3-0348-0543-8 (eBook)
DOI 10.1007/978-3-0348-0543-8
Springer Basel Dordrecht Heidelberg London New York

Herausgeber: Bundesamt für Verbraucherschutz und Lebensmittelsicherheit (BVL)
Dienststelle Berlin
Mauerstraße 39–42
D-10117 Berlin

Koordination und
Schlussredaktion: Frau Dr. S. Dombrowski, Frau N. Banspach (BVL, Pressestelle)

Redaktion: Frau Dr. K. Corsten (BVL, Referat 202)

ViSdP: Frau N. Banspach (BVL, Pressestelle)
Umschlaggestaltung: Gestaltwandler, Bonn und Birkhäuser
Titelbild: G. Hilfert (BWVI Hamburg)
Satz: le-tex publishing services GmbH

Springer Basel AG, Postfach 133, CH-4010 Basel, Schweiz
Ein Unternehmen der Fachverlagsgruppe Springer Science+Business Media

Gedruckt auf säurefreiem und chlorfrei gebleichtem Papier
BVL-Reporte, Band 7, Heft 3

9 8 7 6 5 4 3 2 1   www.springer.com

Inhaltsverzeichnis

Zusammenfassung

In der Bundesrepublik Deutschland überwachen die Behörden der Länder die Einhaltung der Vorschriften, die für das Inverkehrbringen und die Anwendung von Pflanzenschutzmitteln gelten.

Das **Pflanzenschutz-Kontrollprogramm** ist ein bundesweit harmonisiertes Programm zur Überwachung pflanzenschutzrechtlicher Vorschriften. Die Durchführung und Berichterstattung der Kontrollen erfolgen nach gemeinsamen Standards der Länder auf Grundlage eines abgestimmten Methoden-Handbuches. Die Festlegung von Kontrolltatbeständen und die Betriebsauswahl erfolgt durch die Länder; zusätzlich gibt es bundesweite Kontrollschwerpunkte. Der vorliegende Bericht fasst die Ergebnisse des Jahres 2011 zusammen.

Bundesweit wurden in 2.545 Handelsbetrieben Verkehrskontrollen durchgeführt und in 5.367 Betrieben der Landwirtschaft, des Gartenbaus und der Forstwirtschaft Betriebs- oder Anwendungskontrollen vorgenommen. Im Rahmen der Überwachung der Verordnung über Pflanzenschutzmittel und Pflanzenschutzgeräte (Pflanzenschutzmittelverordnung) wurden des Weiteren 70.063 Pflanzenschutzgeräte von amtlichen bzw. amtlich anerkannten Kontrollstellen überprüft. 197 Pflanzenschutzmittel wurden in Hinsicht auf Zusammensetzung und physikalische, chemische und technische Eigenschaften untersucht.

Das Anbieten von Pflanzenschutzmitteln, deren Zulassung abgelaufen ist, war mit 20,9 % wie in den vergangenen Jahren ein Hauptgrund für Beanstandungen in Handelsbetrieben (2010: 21,2 %). Die Beanstandungsquote aufgrund einer Nichtbeachtung der Anzeigepflicht des Verkaufs von Pflanzenschutzmitteln lag mit 10 % unter dem Niveau des Vorjahres (13,5 %). Bezüglich der Sachkunde und der Unterrichtungspflicht des Verkaufspersonals kam es in 4,2 % bzw. 5,8 % der kontrollierten Betriebe zu Beanstandungen (2010: 3,8 % bzw. 5,9 %). Die Nichteinhaltung des Selbstbedienungsverbots musste in 8,4 % der kontrollierten Betriebe bemängelt werden (2010: 9 %). Bei Kontrollen von Pflanzenschutzmittellägern wurden in 1,6 % der Handelsbetriebe Pflanzenschutzmittel vorgefunden, für die eine Entsorgungspflicht besteht (2010: 2,1 %). Hierbei handelt es sich um Pflanzenschutzmittel, die Wirkstoffe enthalten, die EU-weit verboten sind.

Im Handel wurden ausgewählte Pflanzenschutzmittelgebinde entnommen und auf ihre Zusammensetzung analysiert. Im Jahr 2011 lag dabei der Schwerpunkt auf Pflanzenschutzmittel, die die Wirkstoffe Tebuconazol oder Metamitron enthielten. Drei von 109 untersuchten Gebinden wurden bemängelt (2,8 %). Bei 88 Proben, die aufgrund eines Verdachts (Schäden an Pflanzen, Verdacht auf illegale Importe, usw.) untersucht wurden, lag die Beanstandungsquote mit 25 % erwartungsgemäß höher. Diese Ergebnisse der Analysen können nur einen Trend wiedergeben, da sie aufgrund der Probenzahlen nur eine geringe statistische Aussagekraft haben.

Bei Anwendungs- und Betriebskontrollen in landwirtschaftlichen, forstwirtschaftlichen und gärtnerischen Betrieben ergaben sich in einigen Kontrollbereichen sowohl niedrigere als auch höhere Beanstandungsquoten als im Vorjahr. Hieraus kann kein allgemeiner Trend abgeleitet werden, da die Kontrollplanung im Allgemeinen risikoorientiert erfolgt. In dieser Zusammenfassung sind zudem die Ergebnisse aus systematischen Kontrollen in zufällig ausgewählten Betrieben und Anlasskontrollen, die aufgrund eines Verdachts durchgeführt wurden, zusammengefasst. Bei 1,7 % der kontrollierten Anwender lag kein gültiger Sachkundenachweis vor (2010: 1,6 %). Die Vorschriften der Pflanzenschutz-Anwendungsverordnung wurden bei 0,1 % der daraufhin kontrollierten Schläge missachtet (2010: 0,6 %). Auf 4,5 % der kontrollierten Schläge wurden Verstöße bezüglich der Einhaltung der Anwendungsgebiete festgestellt (2010: 4,4 %). Auf 5,4 % der kontrollierten Schläge wurden Anwendungs- oder Bienenschutzbestimmungen nicht eingehalten (2010: 2,3 %). Die Beanstandungsquote bei kontrollierten Pflanzenschutzgeräten lag bei 2,8 % (2010: 3,3 %). Die Einhaltung der Dokumentationspflicht für Pflanzenschutzmittelanwendungen war in 6,7 % der kontrollierten Betriebe mangelhaft (2010: 9,9 %). Die Entsorgungspflicht für Pflanzenschutzmittel,

Berichte zu Pflanzenschutzmitteln 2011, DOI 10.1007/978-3-0348-0543-8_1,
© Bundesamt für Verbraucherschutz und Lebensmittelsicherheit (BVL) 2013

die EU-weit verbotene Wirkstoffe enthalten, wurde in 5,9 % der kontrollierten Betriebe nicht beachtet (2010: 4,0 %).

Im Jahr 2011 lag ein neuer bundesweiter Kontrollschwerpunkt auf der Anwendung von Pflanzenschutzmitteln in Kernobst. Die Kontrollen umfassten 255 Schläge mit Apfel- oder Birnenbäumen in 239 Betrieben. Auf 15 der kontrollierten Schläge (14 Betriebe) wurden Pflanzenschutzmittel eingesetzt, die in Kernobst nicht zulässig sind (5,9 %). Bis auf einen Fall handelte es sich hierbei um Pflanzenschutzmittel, die in Deutschland zugelassen sind, aber nicht zur Anwendung in Kernobst.

Der 2010 begonnene bundesweite Schwerpunkt zur Anwendung von Pflanzenschutzmitteln in Zierpflanzen und Ziergehölzen, einschließlich Weihnachtsbäumen, wurde fortgeführt. Auf 13,9 % der 294 kontrollierten Flächen waren Pflanzenschutzmittel angewendet worden, die für die Kultur nicht zugelassen sind.

Bei der Überwachung von Anwendungen auf nicht landwirtschaftlich, forstwirtschaftlich oder gärtnerisch genutzten Flächen, auf denen die Anwendung von Pflanzenschutzmitteln nur mit einer behördlichen Genehmigung zulässig ist, wurden 1.298 Betriebsflächen bzw. gewerbsmäßig behandelte Flächen und 480 Personen kontrolliert. Kontrollen auf Flächen, für die behördliche Genehmigungen vorlagen, führten in 6,1 % aller Fälle zu Beanstandungen (2010: 9,4 %). Bei der Kontrolle von Flächen, für die keine Anträge auf Genehmigung der Anwendung von Pflanzenschutzmitteln gestellt worden waren, wurde in 33,8 % der Fälle eine unzulässige Pflanzenschutzmittel-Anwendung festgestellt (2010: 38,9 %). Bei der Bewertung der hohen Anzahl von Verstößen ist zu berücksichtigen, dass viele Beanstandungen das Ergebnis von gezielten Kontrollen – sogenannte Anlasskontrollen – sind, die aufgrund von konkreten Verdachtsmomenten oder aufgrund von Anzeigen Dritter aufgenommen wurden. In vielen Fällen handelte es sich bei den Verstößen um von Laien begangene Zuwiderhandlungen. Die Beanstandungen machen deutlich, dass weiterhin eine intensive Aufklärungs- und Informationsarbeit erforderlich ist.

Das Pflanzenschutzrecht enthält umfangreiche Bestimmungen zum Inverkehrbringen und zur Anwendung von Pflanzenschutzmitteln, Pflanzenstärkungsmitteln und Zusatzstoffen. Für die Überwachung der Einhaltung dieser Vorschriften sind die Länder zuständig.

Das **Pflanzenschutz-Kontrollprogramm** ist ein bundesweit harmonisiertes Programm zur Überwachung pflanzenschutzrechtlicher Vorschriften. Darin haben die Länder vereinbart, ihre Überwachungsprogramme untereinander abzustimmen und nach einheitlichen Standards zu arbeiten. Unter der Geschäftsführung des Bundesamtes für Verbraucherschutz und Lebensmittelsicherheit (BVL) wurde eine Arbeitsgruppe mit Fachleuten der Länder gegründet, die Empfehlungen für solche Standards in Form eines Handbuchs ausarbeitet und das Kontrollprogramm koordiniert. Vorrangiges Ziel der Verkehrs- und Anwendungskontrollen ist es, die Einhaltung pflanzenschutzrechtlicher Bestimmungen zu überwachen und die Missachtung von Vorschriften durch angemessene Maßnahmen abzustellen. Verstöße werden nach dem Pflanzenschutzgesetz als Ordnungswidrigkeit geahndet.

Wie in Abb. 2.1 dargestellt, ist das Pflanzenschutz-Kontrollprogramm als Bestandteil eines umfassenden Systems zu sehen, das die sachgerechte und bestimmungsgemäße Anwendung von Pflanzenschutzmitteln unter Einhaltung des hohen Schutzniveaus für die Gesundheit von Mensch und Tier und den Naturhaushalt zum Ziel hat. Neben der Prüfung und Zulassung von Pflanzenschutzmitteln bilden die Anforderungen an die Qualifikation der Verkäufer und Anwender, die Verwendung geprüfter Geräte, die Beratungstätigkeiten der Behörden und Verbände sowie die Kontrollen durch die Länder ein engmaschiges Netz zur Risikominimierung.

Der vorliegende Bericht gibt die zusammengefassten Ergebnisse für das Kontrolljahr 2011 wieder. Dem Wunsch nach verbesserter Transparenz und Information über diesen Überwachungsbereich wird hierdurch Rechnung getragen.

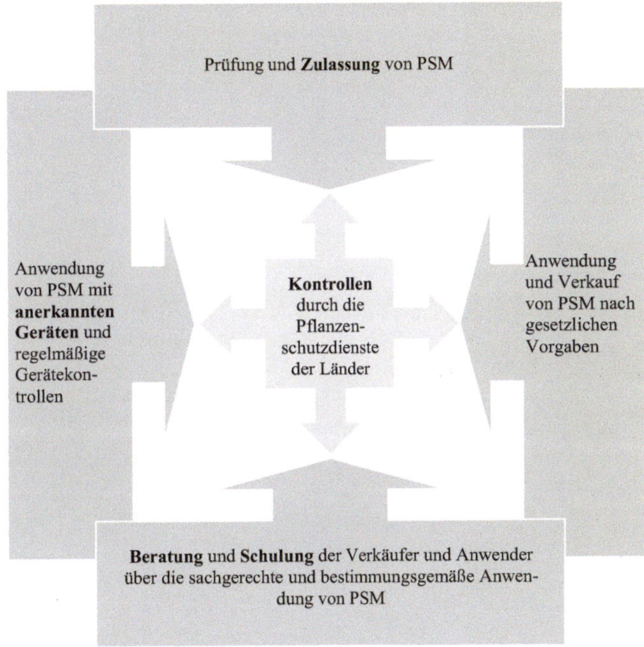

Abb. 2.1 Bestandteile des Systems zur bestimmungsgemäßen und sachgerechten Anwendung von Pflanzenschutzmitteln (PSM)

Im Text des Jahresberichts wird auf das Pflanzenschutzgesetz oder hierunter erlassenen Verordnungen verwiesen, die im Jahr 2011 die Grundlage für die Kontrollen bildeten. Die Verweise beziehen sich auf das Pflanzenschutzgesetz in der Fassung der Bekanntmachung vom 14. Mai 1998 (BGBl. I S. 971, 1527, 3512), zuletzt geändert durch Artikel 4 des Gesetzes vom 2. November 2011 (BGBl. I S. 2162).

Die Ergebnisse des Kontrollprogramms sollen unter anderem dazu beitragen, Schwerpunkte bei der Aufklärung und Beratung in den Ländern festzulegen. Hinzu kommt die Festlegung von länderspezifischen und bundesweiten Kontrollschwerpunkten.

Auf der Basis mehrjähriger Beobachtungen sollen zudem Rückschlüsse gezogen werden, ob zum ordnungs-

Berichte zu Pflanzenschutzmitteln 2011, DOI 10.1007/978-3-0348-0543-8_2,
© Bundesamt für Verbraucherschutz und Lebensmittelsicherheit (BVL) 2013

gemäßen Inverkehrbringen und zur Sicherstellung der sachgerechten Anwendung von Pflanzenschutzmitteln die bestehenden Rechtsgrundlagen anzupassen sind. Mit den zusammengefassten Daten der Länder erfüllt die Bundesrepublik Deutschland überdies ihre Berichts- pflichten gegenüber der Europäischen Kommission gemäß der Richtlinie 91/414/EWG bzw. der Verordnung (EG) Nr. 1107/2009, die am 14. Juni 2011 die Richtlinie 91/414/EWG abgelöst hat.

Organisation der Verkehrs- und Anwendungskontrolle

Die Länder sind zuständig für die Überwachung der Vorschriften des Pflanzenschutzgesetzes (PflSchG) und der hierauf basierenden Verordnungen (Pflanzenschutz-Anwendungsverordnung, Pflanzenschutzmittelverordnung, Pflanzenschutz-Sachkundeverordnung).

Die Verkehrs- und Anwendungskontrollen werden in den Ländern von den zuständigen Behörden als Teil der fachrechtsbezogenen Kontrollaufgaben durchgeführt. In Kap. 8 sind die Behörden aufgelistet, die die Verkehrs- und Anwendungskontrollen durchführen. Daneben wirken die Zollstellen, das Julius Kühn-Institut und das BVL bei der Überwachung mit. Zu den Aufgaben der Länder gehören die Festlegung länderspezifischer Kontrollschwerpunkte, die Planung und Durchführung der Kontrollen, die Verfolgung und Ahndung von Ordnungswidrigkeiten sowie die Aufbereitung und Weiterleitung der Daten an das BVL zur Erstellung eines jährlichen Berichts auf der Grundlage der Länderdaten. Das BVL übernimmt außerdem die analytisch-chemische Untersuchung von Pflanzenschutzmittel-Proben, die im Handel gezogen werden. Das Pflanzenschutz-Kontrollprogramm wird gemeinsam von Bund und Ländern durchgeführt. Die hierzu eingesetzte Arbeitsgemeinschaft Pflanzenschutzmittelkontrolle (AG PMK) hat u. a. folgende Aufgaben:

- Erfahrungsaustausch über aktuelle Verdachtsfälle und die Kontrollpraxis,
- Pflege des Handbuches „Pflanzenschutz-Kontrollprogramm" (Methodensammlung),
- Erarbeitung eines Vorschlags für die jährlichen bundesweiten Kontrollschwerpunkte.

Die Gruppe setzt sich aus Spezialisten der Pflanzenschutzdienste aller Länder sowie des BVL zusammen; die Geschäftsführung liegt beim BVL. Zu bestimmten Themen gibt es zusätzliche Arbeitsgruppen. Zu den Arbeitsgruppensitzungen können weitere Fachleute geladen werden; so setzt sich die AG Rückstände und Analytik im Wesentlichen aus Spezialisten für Pflanzenschutzmittelanalysen zusammen. Die Gruppe hat für das Pflanzenschutz-Kontrollprogramm ein Handbuch erstellt, das als Leitfaden für die praktische Durchführung der Pflanzenschutzkontrollen zu verstehen ist. Es beinhaltet Informationen über die verschiedenen Rechtsgrundlagen und Kontrollbereiche, Vorgaben zu den einzelnen Prüftatbeständen, Aussagen zum Kontrollumfang sowie Hinweise zur Berichterstattung. Die dort genannten Methoden und Muster-Kontrollbögen dienen als Grundlage zur Erstellung von Arbeitsanweisungen und Kontrollverfahren in den einzelnen Ländern. Das Handbuch wird in regelmäßigen Abständen überprüft und den aktuellen, insbesondere gesetzlichen Entwicklungen angepasst. Die aktuell gültige Fassung kann von der Internetseite des BVL abgerufen werden: http://www.bvl.bund.de/psmkontrollprogramm.

Berichte zu Pflanzenschutzmitteln 2011, DOI 10.1007/978-3-0348-0543-8_3,
© Bundesamt für Verbraucherschutz und Lebensmittelsicherheit (BVL) 2013

Die Länder stellen jährlich Kontrollpläne für die Verkehrs- und Anwendungskontrollen innerhalb des bundesweit geltenden Rahmens auf. Generell finden Kontrollen in folgenden Bereichen statt:

- Überwachung der Einfuhr und des Inverkehrbringens von Pflanzenschutzmitteln, Pflanzenstärkungsmitteln und Zusatzstoffen einschließlich der Kontrolle der Produktqualität,
- Überwachung der Anwendung von Pflanzenschutzmitteln im landwirtschaftlichen, gärtnerischen und forstwirtschaftlichen Bereich,
- Überwachung der Anwendung von Pflanzenschutzmitteln auf Freilandflächen, die nicht landwirtschaftlich, gärtnerisch oder forstwirtschaftlich genutzt werden.

Innerhalb dieser Bereiche werden so genannte „Kontrolltatbestände" eingeführt, denen klar definierte Anforderungen zugrunde liegen. In Kap. 6 sind die einzelnen Tatbestände der Kontrollbereiche näher erläutert.

4.1 Planung der Kontrollen

Handelsbetriebe geben Pflanzenschutzmittel zunehmend auf verschiedenen Vertriebswegen ab. Die Verkehrskontrollen erfolgen deshalb in allen Tätigkeitsfeldern eines Händlers:

- Großhändler, die nicht direkt an Anwender abgeben, sondern an Wiederverkäufer,
- Händler, bei denen ausschließlich professionelle Anwender einkaufen,
- Einzelhändler, die Pflanzenschutzmittel an professionelle Anwender und/oder für den Haus- und Kleingartenbereich abgeben,
- Versandhändler und Internetanbieter, die an professionelle Anwender und nicht sachkundige Anwender verkaufen.

Regional gibt es große Unterschiede bei der Anzahl und Art der Verkaufsstellen: In städtischen Regionen sind überwiegend Baumärkte oder Gartencenter zu kontrollieren, während im ländlichen Raum vor allem Genossenschaften (z. B. Raiffeisenmärkte) und Landhandelsunternehmen überprüft werden. Insgesamt sind bei den Pflanzenschutzdiensten 10.650 Verkaufsstellen registriert (Stand: April 2010).

Zu den Verkehrskontrollen gehört auch die Zusammenarbeit mit Zollstellen beim Import von Pflanzenschutzmitteln und die Überprüfung von Anwendern in landwirtschaftlichen oder gärtnerischen Betrieben, die Mittel direkt importiert haben.

Bei Handelsbetrieben richtet sich die Häufigkeit der Kontrollen nach dem Pflanzenschutzmittelabsatz.

Bei der Planung der Anwendungskontrollen werden die länderspezifischen Gegebenheiten berücksichtigt; hierzu gehören z. B.

- Betriebsgrößen,
- Betriebszahlen,
- Anbauschwerpunkte.

So variiert die Zahl der landwirtschaftlichen Betriebe (einschließlich Gartenbau) zwischen 1.275[1] Betrieben in den Stadtstaaten (Berlin, Bremen, Hamburg) und 121.659[1] Betrieben in Flächenstaaten wie Bayern. Insgesamt gibt es in Deutschland rund 374.514[1] Betriebe (Erhebung von 2007). Neben der Zahl der Betriebe schwanken auch die Betriebsgrößen. Sie reichen von Flächen unter einem Hektar, die im Nebenerwerb bewirtschaftet werden, bis zu Betrieben mit mehreren tausend Hektar, vor allem in Ostdeutschland.

Die Anzahl und Art der Kontrollen richtet sich auch nach dem Anteil der landwirtschaftlichen Fläche an der Gesamtfläche eines Landes. In den Stadtstaaten werden beispielsweise nur rund 12 %[1] der Landesfläche landwirtschaftlich genutzt; daher liegt hier ein Schwerpunkt bei

---

[1] Statistisches Bundesamt (2010) Statistisches Jahrbuch für die Bundesrepublik Deutschland 2010, Wiesbaden.

Berichte zu Pflanzenschutzmitteln 2011, DOI 10.1007/978-3-0348-0543-8_4,
© Bundesamt für Verbraucherschutz und Lebensmittelsicherheit (BVL) 2013

der Kontrolle von Freilandflächen, die nicht landwirtschaftlich, forstwirtschaftlich oder gärtnerisch genutzt werden (z. B. Betriebs- oder Verkehrsflächen). Das Land mit dem größten Anteil landwirtschaftlich genutzter Fläche ist Schleswig-Holstein (64 %[1]).

Die angebauten Kulturen unterscheiden sich regional ebenfalls stark. Deutlich werden diese Unterschiede z. B. bei Dauerkulturen wie Obstanlagen und Rebland. Obwohl bundesweit nur rund 1 %[1] der landwirtschaftlichen Nutzfläche aus Dauerkulturen besteht, können regional die Obstanbaugebiete (z. B. am Bodensee oder im „Alten Land") oder die Weinbaugebiete große Flächen einnehmen.

Die statistischen Angaben zu Flächennutzung und Betriebskennzahlen beziehen sich auf das Jahr 2007.

Neben den regionalen Besonderheiten werden bei der Planung der Kontrollen u. a. folgende Kriterien berücksichtigt:

- Hinweise auf Verstöße aus den Kontrollen der Vorjahre,
- Hinweise auf die Anwendung unzulässiger Pflanzenschutzmittel aufgrund von Rückstandsfunden der Lebensmittelüberwachung,
- Intensität des Pflanzenschutzmitteleinsatzes in den verschiedenen Kulturen,
- Änderung der Zulassungssituation von Pflanzenschutzmitteln,
- Ergebnisse aus dem Grundwassermonitoring der Länder.

Zusätzlich zu länderspezifischen Kontrollplanungen werden jährlich Schwerpunkte für bundesweite Kontrollen festgelegt. Die Ergebnisse der Schwerpunktkontrollen des Jahres 2011 sind in den Abschn. 6.2.1 und 6.2.2 beschrieben.

4.2 Art der Kontrollen

Im Pflanzenschutz-Kontrollprogramm wird zwischen systematischen Kontrollen und Anlasskontrollen unterschieden.

Systematische Kontrollen erfolgen nach einem vorab erstellten Plan. Sie bieten die Möglichkeit, ein breites Spektrum von einzelnen Kontrolltatbeständen (z. B. bei Betriebskontrollen) sowie eng abgegrenzte Sachverhalte im Sinne einer risikobasierten Schwerpunktkontrolle (z. B. Kontrolle der Einhaltung von Anwendungsverboten durch Bodenuntersuchungen nach der Anwendung) zu überprüfen. Während einige Kontrolltatbestände zu jeder Zeit überprüft werden können (z. B. Sachkunde des An-

wenders oder gültige Prüfplakette auf dem Pflanzenschutzgerät), ergibt sich bei anderen Tatbeständen erst bei der Vor-Ort-Besichtigung, ob eine Kontrolle möglich ist.

Anlasskontrollen dienen dagegen der Feststellung oder Aufklärung von offensichtlichen oder vermuteten Verstößen gegen das Pflanzenschutzrecht. Hierzu gehören beispielsweise Kontrollen nach Anzeigen sowie Wiederholungskontrollen in Betrieben, bei denen Mängel bei vorherigen Inspektionen festgestellt wurden. Zeigen sich auffällige Ergebnisse bei Rückstandsuntersuchungen im Rahmen der Lebensmittelüberwachung (z. B. Nachweis von Wirkstoffen, die für den Einsatz in einer Kultur nicht zugelassen oder genehmigt sind), können zudem gezielt Kontrollen im Erzeugerbetrieb durchgeführt werden. Es liegt in der Natur der Sache, dass bei Anlasskontrollen häufiger Verstöße festzustellen sind als bei systematischen Kontrollen.

Werden bei einer systematischen Kontrolle Auffälligkeiten festgestellt, kann dies der Anlass für zusätzliche Kontrollen sein. So können z. B. in Lägern aufgefundene Pflanzenschutzmittel, deren Anwendung verboten ist, dazu führen, dass auf den betriebseigenen Flächen Bodenproben entnommen werden. Mithilfe der Analyse von Pflanzen- oder Bodenproben wird geprüft, ob eine verbotene Anwendung stattgefunden hat.

4.3 Umfang der Kontrollen

Handelsbetriebe

Im Jahr 2011 wurden 2.545 Handelsbetriebe kontrolliert. Bei 10.650 angezeigten Betrieben (Stand: April 2010) ergibt sich eine Kontrollquote von 24 %.

Betriebe der Landwirtschaft, der Forstwirtschaft oder des Gartenbaus

Im Jahr 2011 wurden insgesamt 5.367 Betriebe der Landwirtschaft, der Forstwirtschaft oder des Gartenbaus kontrolliert. Diese Kontrollen setzen sich aus 2.296 Betriebskontrollen und 2.961 Anwendungskontrollen zusammen. Bei diesen Kontrollen wurden 3.059 Proben (Boden, Pflanzen oder Behandlungsflüssigkeiten) untersucht. Bei 374.514 landwirtschaftlichen Betrieben in Deutschland (Stand 2007) ergibt sich eine Kontrollquote von rund 1,4 % der Betriebe.

Anwendung von Pflanzenschutzmitteln auf nicht landwirtschaftlich, forstwirtschaftlich oder gärtnerisch genutzten Flächen

Im Jahr 2011 wurden solche Flächen, z. B. Betriebs- oder Verkehrsflächen, in 1.298 Unternehmen und bei 480 Privatpersonen überprüft.

5.1 Maßnahmen, die bei Beanstandungen getroffen werden können

Werden bei den Kontrollen Verstöße gegen das Pflanzenschutzgesetz festgestellt, stehen den Kontrollbehörden verschiedene Optionen zur Verfügung, um hierauf zu reagieren:

- Aufklärung des kontrollierten Unternehmens über festgestellte Mängel, verbunden mit einer Beratung über den korrekten Umgang mit Pflanzenschutzmitteln oder Pflanzenschutzgeräten.
- Verwarnung des Unternehmens, ggf. unter Zahlung eines Verwarnungsgeldes.
- Bei Beanstandungen kann vor Ort eine Anordnung getroffen werden, um Mängel sofort abzustellen. Das kann z. B. eine Anordnung zur sofortigen Beendigung einer Anwendung eines Pflanzenschutzmittels mit einer defekten Spritze sein. Es kann auch angeordnet werden, dass ein Betrieb bestimmte Pflanzenschutzmaßnahmen vorab beim Pflanzenschutzdienst anzeigt.
- Verstöße gegen das Pflanzenschutzrecht (§ 40 Pflanzenschutzgesetz) können als Ordnungswidrigkeit verfolgt und mit einem Bußgeld bis zu einer Höhe von 50.000 € geahndet werden.

Bei der Wahl der Maßnahmen werden verschiedene Faktoren berücksichtigt:

- Schwere, Ausmaß, Dauer und Häufigkeit des Verstoßes,
- Mögliche Folgen für die Gesundheit von Menschen und Tieren oder für die Umwelt,
- Ursache für den Verstoß, z. B. Unwissenheit, Fahrlässigkeit oder wissentliches Handeln entgegen den gesetzlichen Bestimmungen (Vorsatz). Bei besonders offensichtlichem Vorgehen oder bei wiederholt festgestellten Verstößen wird vorsatzgleiches Handeln angenommen.

Wurde ein Unternehmen beanstandet, kann eine wiederholte Kontrolle erfolgen, um zu überprüfen, ob die Mängel abgestellt wurden und entsprechend den Vorgaben des Pflanzenschutzgesetzes gehandelt wird.

Ordnungswidrigkeitsverfahren ziehen sich häufig über einen längeren Zeitraum hin, vor allem dann, wenn umfangreichere Ermittlungen zur Klärung von Tatbeständen erforderlich oder analytische Befunde oder Einspruchs- und Gerichtsverfahren anhängig sind. Die Angaben zur Höhe von erteilten Bußgeldern im Ergebnisteil dieses Jahresberichts spiegeln daher die Spannbreite aller im Kontrolljahr rechtskräftig abgeschlossenen Ordnungswidrigkeitsverfahren wider. Das bedeutet, dass einerseits die Angaben auf Bußgeldverfahren der Vorjahre beruhen können, die 2011 abgeschlossen wurden, und andererseits Ergebnisse einiger Verfahren aus dem Jahr 2011 noch nicht aufgeführt werden konnten, da diese noch nicht rechtskräftig abgeschlossen sind.

Die Anzahl der Beanstandungen in den Ergebniskapiteln enthalten auch die noch laufenden Verfahren. Nach Abschluss des Verfahrens kann sich eine zunächst angenommene Beanstandung nachträglich als nichtig herausstellen.

5.2 Weitere mögliche Konsequenzen für beanstandete Betriebe

Werden bei einem Anwender Verstöße gegen das Pflanzenschutzgesetz festgestellt, kann das zusätzlich Auswirkungen auf die Zahlung von Fördergeldern haben. Die Europäische Union gewährt Direktzahlungen für verschiedene Maßnahmen zur Entwicklung des ländlichen Raumes nach der Verordnung (EG) Nr. 1782/2003 („Cross Compliance"). Die Gewährung von Direktzahlungen ist an die Einhaltung verbindlicher Vorschriften („Anderweitige Verpflichtungen") in Bezug auf die landwirtschaftlichen Flächen, die landwirtschaftliche Erzeugung und die landwirtschaftliche Tätigkeit geknüpft.

Berichte zu Pflanzenschutzmitteln 2011, DOI 10.1007/978-3-0348-0543-8_5,
© Bundesamt für Verbraucherschutz und Lebensmittelsicherheit (BVL) 2013

Diese Vorschriften beinhalten auch den Pflanzenschutz. Die Nichteinhaltung der Vorschriften durch den Landwirt – auch durch Dritte – kann zur Kürzung von Zahlungen führen. Die Einhaltung der Vorschriften wird durch spezielle „Cross-Compliance"-Kontrollen überprüft. Gemäß der Verordnung (EG) Nr. 796/2004 sollen 1 % der Betriebsinhaber kontrolliert werden, die Beihilfeanträge für Direktzahlungen gemäß der Verordnung (EG) Nr. 1782/2003 gestellt haben. Von Bedeutung ist dabei, dass Verstöße gegen „Cross-Compliance"-Verpflichtungen, die bei Kontrollen im Rahmen des Pflanzenschutz-Kontrollprogramms durch die Fachbehörden festgestellt werden („Cross-Checks"), ebenfalls zu Prämienkürzungen führen.

Als Folge von Kontrollen können auch Ermittlungen auf der Grundlage weiterer Rechtsvorschriften eingeleitet werden. Die Pflanzenschutzdienste arbeiten hierzu mit anderen Behörden, z. B. den Lebensmittelüberwachungsbehörden, zusammen.

Bei Kontrollen zum Import oder zur Durchfuhr/Transit von Pflanzenschutzmitteln können Verstöße gegen Kennzeichnungsvorschriften oder das Patentrecht aufgedeckt werden, deren weitere Verfolgung und Ahndung an die für das Chemikalienrecht zuständigen Behörden oder an die Staatsanwaltschaft abgegeben werden. Ermittlungen beim gewerbsmäßigen Handel mit illegalen Pflanzenschutzmitteln werden in Zusammenarbeit mit der Polizei durchgeführt.

Ergebnisse

6.1 Verkehrskontrollen

6.1.1 Überwachung der Produktqualität

Die Pflanzenschutzdienste der Länder entnehmen Pflanzenschutzmittel-Proben im Handel, die durch das BVL analysiert werden. Untersucht wird, ob Wirkstoffgehalt, Gehalte an Beistoffen und Verunreinigungen sowie physikalische, chemische und technische Eigenschaften den bei der Zulassung zugrunde gelegten Angaben zur Zusammensetzung und den einzuhaltenden Bedingungen entsprechen. Dadurch soll geprüft werden, ob die im Handel befindlichen Pflanzenschutzmittel zulassungskonform sind und ob lagerungsbedingte Qualitätsverluste auftreten.

6.1.1.1 Planproben

Für 2011 war vorgesehen, stichprobenartig die Zusammensetzung von Pflanzenschutzmitteln zu untersuchen, die die Wirkstoffe Tebuconazol oder Metamitron enthalten. Dabei sollten sowohl zugelassene Originalmittel als auch parallel gehandelte Pflanzenschutzmittel überprüft werden. Dazu wurden Pflanzenschutzmittelpackungen im Groß- und Einzelhandel entnommen und zur Untersuchung an das Labor für Formulierungschemie des BVL gesandt. Die Planproben wurden auf die folgenden Prüfparameter untersucht:

- Wirkstoffgehalt,
- Gehalt von Frostschutzmitteln, sofern diese bei der Zulassung vorgesehen waren,
- bei flüssigen Formulierungen: Dichte als aussagekräftiges Identitätskriterium, Oberflächenspannung und Emulsionsstabilität.

Von den insgesamt 109 untersuchten Planproben stammten 18 Proben aus dem Parallelhandel (16,5 %). Im Jahr 2010 betrug der Anteil des Parallelhandels am Inlandsabsatz von Pflanzenschutzmitteln 9 %.

Ergebnis der Untersuchungen: Bei den 84 untersuchten Planproben Tebuconazol-haltiger Pflanzenschutzmittel wurden keine Mängel festgestellt. Bei drei der 25 analysierten Pflanzenschutzmittel mit dem Wirkstoff Metamitron lag der ermittelte Wirkstoffgehalt außerhalb des FAO-Streubereichs. Der Gehalt war in diesen Fällen geringer als bei der Zulassung festgelegt. Die anderen untersuchten Parameter wiesen keine unzulässigen Abweichungen auf.

Mit drei Abweichungen bei 109 untersuchten Planproben beträgt die Mängelquote 2,8 % (siehe Tab. 6.1).

Die genannten Quoten haben aufgrund der geringen Probenzahlen keine statistische Aussagekraft, sondern geben nur einen Trend wieder.

6.1.1.2 Verdachtsproben

Bei Beschwerden, Auffälligkeiten oder Unregelmäßigkeiten werden im Großhandel, im Einzelhandel oder auf der Erzeugerstufe Verdachtsproben genommen. 2011 wurden insgesamt 88 Verdachtsproben im BVL analysiert. Welche Parameter zur Klärung des Verdachtes zu untersuchen waren, wurde von Fall zu Fall entschieden. Meist waren dies der Wirkstoffgehalt und bei flüssigen Formulierungen die Dichte. Je nach Fragestellung wurden als weitere Parameter der Gehalt an ausgesuchten Beistoffen und physikalische, chemische und technische Eigenschaften wie pH-Wert, Oberflächenspannung oder Schaumbeständigkeit untersucht. In seltenen Fällen wurde als Screening-Verfahren ein GC/MS-, LC/MS- oder HPLC/UV-Chromatogramm der Probe aufgenommen und dieses mit dem einer Referenzprobe verglichen.

Erstmals wurden 2011 die Untersuchungen zweier Verdachtsproben an ein anderes Labor vergeben, da das Labor für Formulierungschemie des BVL die Analysen nicht durchführen konnte.

Ergebnis der Untersuchungen: Von den 88 untersuchten Pflanzenschutzmittelgebinden wiesen 22 Mängel auf.

Acht Proben waren aufgrund eines Verdachts auf fehlerhafte Zusammensetzung entnommen worden. Bei

Berichte zu Pflanzenschutzmitteln 2011, DOI 10.1007/978-3-0348-0543-8_6,
© Bundesamt für Verbraucherschutz und Lebensmittelsicherheit (BVL) 2013

sieben dieser Proben konnten keine Abweichungen gegenüber den bei der Zulassung festgelegten Bedingungen festgestellt werden, während eine Probe aufgrund eines zu niedrigen Wirkstoffgehalts als nicht verkehrsfähig eingestuft wurde.

59 Verdachtsproben betrafen parallel gehandelte Mittel, bei denen der Verdacht bestand, dass der Vertrieb nicht auf legale Weise erfolgt. Bei 43 dieser Proben stimmten die untersuchten Parameter mit denen des Referenzprodukts überein, oder eine Abweichung konnte nicht eindeutig nachgewiesen werden. Bei den übrigen 16 Proben wurden Abweichungen festgestellt. Dabei war eine dieser Proben nicht verkehrsfähig, weil die Zulassung des Referenzmittels ausgelaufen war. Bei zwei weiteren Proben war eine Homogenisierung nicht möglich. Aufgrund der festgestellten Inhomogenität wurden diese Proben zum Einsatz als Pflanzenschutzmittel als nicht geeignet und damit als nicht verkehrsfähig angesehen. Bei 13 Proben wurden unzulässige Abweichungen bezüglich der Gehalte an Wirkstoffen oder an Beistoffen festgestellt.

19 Proben von Pflanzenschutzmitteln wurden eingesandt, weil ein Verdacht auf unzulässige Verunreinigung mit einem weiteren Wirkstoff bestand. Bei vier der 19 Proben wurde aufgrund von Analysen von Sprühflüssigkeiten eine Verunreinigung mit Dimethomorph vermutet; zwar konnte in allen vier Proben auch Dimethomorph nachgewiesen werden, jedoch lagen die Konzentrationen unter 0,1 %, so dass die entsprechenden Pflanzenschutzmittel als verkehrsfähig beurteilt wurden. Weitere 14 Proben wurden Ende des Jahres eingeschickt; Überschreitungen der Höchstgehalte für Captan in Hopfen führten zu dem Verdacht, dass die eingesetzten Pflanzenschutzmittel mit dem Wirkstoff Captan verunreinigt waren. Betroffen waren vor allem Pflanzenschutzmittel mit dem Wirkstoff Folpet, aber auch andere. In vier der 14 Proben wurde Captan in relevanten Gehalten oberhalb von 0,1 % nachgewiesen, so dass die entsprechenden Pflanzenschutzmittel als nicht verkehrsfähig angesehen wurden. Die Ursachenklärung ist noch nicht abgeschlossen, und es ist geplant, im Jahr 2012 weitere Proben zu untersuchen.

Bei zwei Pflanzenschutzmittelproben, auf denen weder eine Zulassungs- noch eine PI-Nummer angegeben waren, wurden Wirkstoffgehalte und physikalische, chemische und technische Parameter untersucht. Bei einer Probe wurde ein Wirkstoffgehalt ermittelt, der in unzulässiger Weise von dem auf der Verpackung angegebenen Wirkstoffgehalt abwich. Bei der anderen Probe konnten Abweichungen gegenüber dem vermuteten Referenzmittel nicht festgestellt werden.

Tab. 6.1 Prüfung auf Produktqualität im Jahr 2011 – Übersicht der Proben mit Mängeln in der Zusammensetzung und Kennzeichnung

	Kontrollen (Anzahl)	Mängel (Anzahl, prozentual)
Anzahl kontrollierter Pflanzenschutzmittel, Summe	197	25 (12,7 %)
• Davon systematische Kontrollen (Planproben)	109	3 (2,8 %)
• Davon zugelassene Mittel	91	1 (1,1 %)
• Davon Parallelimporte	18	2 (11,1 %)
• Davon Anlasskontrollen (Verdachtsproben)	88	22 (25,0 %)
• Davon aufgrund von Schäden	0	nicht relevant
• Davon Verdacht auf fehlerhafte Zusammensetzung zugelassener Mittel	8	1 (12,5 %)
• Davon Verdacht auf illegalen Parallelhandel	59	16 (27,1 %)
• Davon Verdacht auf Verunreinigung mit unzulässigen Substanzen	19	4 (21,1 %)
• Davon sonstige	2	2 (100 %)

Tab. 6.2 Durchgeführte Analysen und festgestellte Abweichungen von den Zulassungsdaten bei Proben aus dem Pflanzenschutz-Kontrollprogramm im Jahr 2011

Analysenparameter	Planproben Tebuconazol und Metamitron		Verdachtsproben	
	Analysen	Mängel	Analysen	Mängel
Art des Wirkstoffs	109	0	81	0
Gehalt des Wirkstoffs	109	3	81	11
Verunreinigungen	0	0	23	4
Beistoffe	18	0	27	7
Vergleichende Chromatographie/Screening[1]	0	0	11	0
Phys., chem., techn. Eigenschaften	289	0	287	39
Insgesamt	416[2]	3	429[2]	61

[1] GC/MS-Untersuchung
[2] qualitative und quantitative Bestimmung des Wirkstoffs gilt als eine Bestimmung pro Probe

6.1.1.3 Übersicht der Analysen und Ergebnisse

In Tab. 6.1 ist aufgeschlüsselt, wie sich die 197 kontrollierten Pflanzenschutzmittelgebinde auf die unterschiedlichen Probenarten verteilen. Tabelle 6.2 gibt einen Überblick über durchgeführte Analysen und beanstandete Parameter.

Tab. 6.3 Kontrollen zur Zulassung von Pflanzenschutzmitteln, zur Listung von Pflanzenstärkungsmitteln und Zusatzstoffen und zu Einfuhrverboten für Saat- und Pflanzgut im Jahr 2011

	Kontrollen (Anzahl)	Beanstandungen (Anzahl, prozentual)
Anzahl kontrollierter Betriebe, Summe	2.276	476 (20,9 %)
• Davon systematische Kontrollen	2.096	427 (20,4 %)
• Davon Anlass- kontrollen	180	49 (27,2 %)

Tab. 6.4 Kontrollen im Handel zur Einhaltung der Entsorgungspflicht von verbotenen Pflanzenschutzmitteln im Jahr 2011

	Kontrollen (Anzahl)	Beanstandungen (Anzahl, prozentual)
Anzahl der kontrollierten Betriebe, Summe	1.667	27 (1,6 %)
• Davon systematische Kontrollen	1.566	24 (1,5 %)
• Davon Anlasskontrollen	101	3 (3,0 %)

6.1.2   Kontrollen im Handel

Verkehrskontrollen erfolgen in der Regel unangemeldet. Überprüft werden sowohl der Groß- und Einzelhandel als auch der Versand- und Internethandel. Die Kontrollen erfassen einen großen Anteil der Handelsbetriebe, um besonders dem Risiko des Einkaufs und des Anwendens nicht zugelassener Pflanzenschutzmittel entgegenzuwirken. Damit nehmen die Kontrollen der Handelsbetriebe eine Schlüsselstellung im Pflanzenschutz-Kontrollprogramm ein.

6.1.2.1   Zulassung von Pflanzenschutzmitteln

Pflanzenschutzmittel dürfen nur in den Verkehr gebracht werden, wenn sie vom BVL zugelassen sind. Pflanzenschutzmittel, die in anderen Mitgliedstaaten der EU zugelassen sind und mit hier zugelassenen Mitteln identisch sind, benötigen eine Genehmigung des BVL für den Parallelhandel. Pflanzenschutzmittel dürfen aus Staaten außerhalb der EU nur über die Zollstellen eingeführt werden, die für die Ein- und Ausfuhr von Pflanzenschutzmitteln aus oder in Drittstaaten bekannt gegeben sind.

In Tab. 6.3 ist die Anzahl der Betriebe aufgeführt, in denen die Zulassung der angebotenen Mittel überprüft wurde sowie die Anzahl der beanstandeten Betriebe. Es wurde in 2.276 Betrieben überprüft, ob nur zugelassene Pflanzenschutzmittel bzw. gelistete Pflanzenstärkungsmittel und Zusatzstoffe vertrieben werden. Bei insgesamt 20,9 % der Betriebe wurden Verstöße festgestellt (2010: 21,2 %) und Bußgelder in einer Höhe bis zu 20.000 € festgesetzt. Insgesamt wurden 1.080 Mittel beanstandet. Bei den beanstandeten Betrieben handelt es sich zu einem Großteil um Händler, die Mittel für den Haus- und Kleingartenbereich abgeben (z. B. Baumärkte, Blumenläden, Drogerien). Bei einem großen Anteil der beanstandeten Mittel war die Zulassung vor Kurzem (kürzer als ein Jahr) ausgelaufen und die Gebinde nicht deutlich getrennt („Sperrlager") von den zugelassenen Produkten gelagert.

Zusätzlich zu den Handelsbetrieben wurden Internetangebote überprüft. Hierzu gehört beispielsweise, dass regelmäßig die in eBay oder Amazon eingestellten Pflanzenschutzmittelangebote gesichtet werden.

6.1.2.2   Entsorgungspflicht für verbotene Pflanzenschutzmittel

Im Handel dürfen in den Lägern Pflanzenschutzmittel aufbewahrt werden, die zum Kontrollzeitpunkt nicht in Deutschland zugelassen sind. Hierzu gehören beispielsweise Gebinde, die aufgrund einer erneuten Zulassung eines Pflanzenschutzmittels noch umetikettiert werden müssen oder Gebinde, die für den Export vorgesehen sind. Die Gebinde müssen aber deutlich getrennt von zugelassenen Mitteln aufbewahrt werden bzw. für den Export gekennzeichnet sein. Pflanzenschutzmittel, die seit der Änderung des Pflanzenschutzgesetzes am 5. März 2008 unter die Entsorgungspflicht fallen, dürfen jedoch nicht gelagert werden. Nach § 7 Abs. 1 Satz 2 PflSchG müssen Pflanzenschutzmittel unverzüglich entsorgt werden, wenn sie Wirkstoffe enthalten, die nach der Pflanzenschutz-Anwendungsverordnung einem vollständigen Anwendungsverbot unterliegen oder die nicht in Anhang I der Richtlinie 91/414/EWG aufgenommen wurden und einem EU-weiten Anwendungsverbot unterliegen. Auf der Homepage des BVL (www.bvl.bund.de/infopsm) ist eine Übersichtsliste veröffentlicht, in der für Pflanzenschutzmittel mit abgelaufener Zulassung vermerkt ist, ob für sie die Entsorgungspflicht gilt.

Tabelle 6.4 zeigt, dass in 1.667 Betrieben des Groß- und Einzelhandels Kontrollen zur Einhaltung der Entsorgungspflicht in Pflanzenschutzmittellagern durchgeführt wurden. In 27 Betrieben (1,6 %) wurden Pflanzenschutzmittel vorgefunden, die der Entsorgungspflicht unterliegen (2010: 2,1 %). Hier wurde die sofortige Entsorgung angeordnet. Es wurden keine Bußgelder erhoben.

Tab. 6.5 Kontrollen zur Kennzeichnung von Pflanzenschutzmitteln im Jahr 2011

	Kontrollen (Anzahl)	Beanstandungen (Anzahl, prozentual)
Anzahl kontrollierter Pflanzenschutzmittel-Gebinde, Summe	63.216	492 (0,8 %)
• Davon systematische Kontrollen	61.484	471 (0,8 %)
• Davon Anlasskontrollen	1.732	21 (1,2 %)
• Davon Komplettprüfung	1.014	67 (6,6 %)

Tab. 6.6 Kontrollen zum Selbstbedienungsverbot für Pflanzenschutzmittel im Jahr 2011

	Kontrollen (Anzahl)	Beanstandungen (Anzahl, prozentual)
Anzahl kontrollierter Betriebe, Summe	2.310	193 (8,4 %)
• Davon systematische Kontrollen	2.198	174 (7,9 %)
• Davon Anlasskontrollen	112	19 (17 %)

Tab. 6.7 Kontrollen zur Einhaltung der Anzeigepflicht (Handelsbetriebe) im Jahr 2011

	Kontrollen (Anzahl)	Beanstandungen (Anzahl, prozentual)
Anzahl kontrollierter Betriebe, Summe	2.202	220 (10 %)

6.1.2.3 Kennzeichnung von Pflanzenschutzmitteln

Sämtliche vorgeschriebenen Angaben müssen grundsätzlich auf den Behältnissen und abgabefertigen Packungen stehen. Während in der Regel alle kontrollierten Mittel auf ihren Zulassungsstatus überprüft werden, kann eine Überprüfung der Kennzeichnung mit ihren umfangreichen Angaben nur stichprobenartig erfolgen. Bei einem Teil der Gebinde erfolgt eine Komplettprüfung.

Wie in Tab. 6.5 aufgeführt, wurden 63.216 Pflanzenschutzmittel-Gebinde hinsichtlich der Kennzeichnung kontrolliert, davon 1.014 komplett. Aufgrund von Kennzeichnungsmängeln wurden 492 Mittel (0,8 %) beanstandet (Vorjahr: 2,1 %). Es wurden Bußgelder bis 100 € erhoben.

6.1.2.4 Selbstbedienungsverbot

Pflanzenschutzmittel dürfen nicht durch Automaten oder durch andere Formen der Selbstbedienung in den Verkehr gebracht werden. Das Selbstbedienungsverbot gilt für alle Handelsstufen. Dieses Verbot ist dann nicht beachtet, wenn sich der Kunde Mittel selbst aus dem Regal oder Lager holen kann, ohne dabei in Ladenbereiche zu gelangen, die für ihn gesperrt sind. Bei der Kontrolle wird überprüft, ob die Aufstellflächen für Pflanzenschutzmittel diesen Anforderungen genügen. Die Ergebnisse sind in Tab. 6.6 aufgeführt.

Insgesamt wurden 2.310 Betriebe kontrolliert. Die Gesamtbeanstandungsquote von 8,4 % ist ähnlich hoch wie im Vorjahr (9 %). Aufgrund der Beanstandungen wurden Bußgelder in einer Höhe bis zu 600 € festgesetzt.

6.1.2.5 Anzeigepflicht von Handelsbetrieben

Der Anzeigepflicht nach § 21a PflSchG unterliegen alle Betriebe, die Pflanzenschutzmittel zu gewerblichen Zwecken oder im Rahmen sonstiger wirtschaftlicher Unternehmungen in den Verkehr bringen oder zu gewerblichen Zwecken einführen wollen (z. B. Landhandel, Genossenschaften, Bezugsgemeinschaften, Floristen- und Drogistenbedarf, Garten-Center, Blumenläden, Baumärkte, Haushaltswarengeschäfte, Drogerien, Apotheken). Die Anzeigepflicht gilt nicht für Landwirte, die Pflanzenschutzmittel nur für den eigenen Betrieb einführen. Diese Betriebe sind daher nicht in die allgemeine Verkehrskontrolle einbezogen.

Außer über systematische und anlassbezogene Betriebskontrollen wird auch aufgrund von Nachfragen bei Gewerbeaufsichtsämtern, Handelskammern oder Recherchen im Branchenbuch überprüft, ob die anzeigerelevanten betrieblichen Tätigkeiten gemäß § 21a PflSchG gemeldet wurden.

Die Beanstandungsquote bei den insgesamt 2.202 kontrollierten Betrieben (Tab. 6.7) liegt mit 10 % unter dem Niveau des Vorjahres (2010: 13,5 %). In Ordnungswidrigkeitsverfahren wurden Bußgelder bis zu einer Höhe von 200 € erhoben.

6.1.2.6 Sachkunde und Unterrichtungspflicht

Jede Person, die Pflanzenschutzmittel abgibt, muss die erforderliche Zuverlässigkeit und Sachkunde haben. Sie muss des Weiteren den Käufer über die Anwendung des Pflanzenschutzmittels, insbesondere über Verbote und Beschränkungen, unterrichten. Bei einer Kontrolle wird das Verkaufspersonal zunächst darüber befragt, wer Pflanzenschutzmittel verkauft. Wenn der Betrieb das so genannte Anzeigeverfahren bereits durchgeführt hat, wird gegebenenfalls geprüft, ob der Abgebende den Kontrollbehörden bekannt ist. Sollte dies nicht der Fall sein, wird der Verkäufer/die Verkäuferin aufgefordert, seine/ihre Sachkunde nachzuweisen. Der Nachweis der „Abgeber-Sachkunde" kann erbracht werden durch:

Tab. 6.8 Kontrollen zu erforderlichen fachlichen Kenntnissen (Sachkunde) der Pflanzenschutzmittelabgeber im Einzel- und Versandhandel im Jahr 2011

	Kontrollen (Anzahl)	Beanstandungen (Anzahl, prozentual)
Anzahl kontrollierter Betriebe	2.387	100 (4,2 %)
Anzahl kontrollierter Personen	5.632	123 (2,2 %)

Tab. 6.9 Kontrollen zur Unterrichtungspflicht der Pflanzenschutzmittelabgeber im Einzel- und Versandhandel im Jahr 2011

	Kontrollen (Anzahl)	Beanstandungen (Anzahl, prozentual)
Anzahl kontrollierter Betriebe	1.012	59 (5,8 %)
Anzahl kontrollierter Personen	1.274	77 (6,0 %)

- die Vorlage eines Zeugnisses über die bestandene Berufsabschluss-, Fortbildungs- oder Umschulungsprüfung oder über ein abgeschlossenes Hoch- oder Fachhochschulstudium in bestimmten Berufsgruppen,
- ein Prüfungszeugnis nach der Pflanzenschutz-Sachkundeverordnung,
- eine Bescheinigung der zuständigen Behörde nach dem Muster der Anlage 2 zur Pflanzenschutz-Sachkundeverordnung.

Zur Überprüfung der fachlichen Kenntnisse und der Unterrichtungspflicht wurden neben Befragungen auch Testkäufe durch Mitarbeiter der Pflanzenschutzdienste durchgeführt.

Die Ergebnisse der Kontrollen zur Sachkunde in 2.387 Betrieben sind in Tab. 6.8 aufgeführt. In 4,2 % der kontrollierten Betriebe wurden unzureichende fachliche Kenntnisse des Verkaufspersonals beanstandet (2010: 3,8 %) und bei wiederholt fehlender Sachkunde Bußgelder bis zu einer Höhe von 400 € erteilt. Auf die kontrollierten Personen bezogen liegt die Beanstandungsquote mit 2,2 % auf dem Niveau des Vorjahres (2010: 2,2 %).

Die Ergebnisse der Kontrollen zur Unterrichtungspflicht in 1.012 Betrieben sind in Tab. 6.9 aufgeführt. In 5,8 % der überprüften Betriebe wurden Mängel bei der Beratung festgestellt (2010: 5,9 %) und Bußgelder bis zu einer Höhe von 200 € erteilt. Bezogen auf die Anzahl der kontrollierten Personen liegt die Beanstandungsquote im Jahr 2011 mit 6,0 % leicht über der des Vorjahres 2010 (5,4 %).

6.2 Anwendungskontrollen

6.2.1 Bundesweiter Kontrollschwerpunkt: Anwendung von Pflanzenschutzmitteln im Zierpflanzenbau, einschließlich Ziergehölzen (Baumschulen, Weihnachtsbäume)

Im Jahr 2011 wurde die 2010 begonnene schwerpunktmäßige Kontrolle von Pflanzenschutzmittel-Anwendungen im Zierpflanzenbau, einschließlich Ziergehölzen (Baumschulen, Weihnachtsbäume) fortgeführt. Anlass für die Festlegung dieses Schwerpunkts waren Hinweise, dass an einige Betriebe, die Zierpflanzen kultivieren, nicht zugelassene Pflanzenschutzmittel geliefert wurden (siehe Jahresbericht Pflanzenschutz-Kontrollprogramm 2009, Beispiel: Aufdeckung des illegalen Handels mit Pflanzenschutzmitteln, Seite 17).

Der Verbraucher ist von der Anwendung von Pflanzenschutzmitteln in Zierpflanzen und Ziergehölzen nicht unmittelbar betroffen. Die Pflanzen werden nicht verzehrt, und ein Kontakt von Verbrauchern mit behandelten Pflanzen erfolgt in der Regel nur kurz und nicht unmittelbar nach einer Anwendung. Im Fokus bei der Prüfung von Pflanzenschutzmitteln für Zierpflanzen im Zulassungsverfahren steht daher der Schutz der Anwender, Anwohner und der Umwelt. Pflanzenschutzmittel dürfen nur zugelassen werden, wenn negative gesundheitliche Auswirkungen beim Anwender bei bestimmungsgemäßer und sachgerechter Anwendung ausgeschlossen werden können.

In Deutschland werden auf einer Grundfläche von rund 7.200[2] ha Zierpflanzen (Zimmerpflanzen, Beet- und Balkonpflanzen, Stauden, Schnittblumen und Zierpflanzen zum Schnitt) produziert. Davon sind rund 4.900[2] ha im Freiland und rund 2.300[2] ha im geschützten Anbau (z. B. Gewächshäuser, Folientunnel). Die größte Anbaufläche befindet sich in Nordrhein-Westfalen (2.752[2] ha), gefolgt von Bayern (913[2] ha), Niedersachsen (814[2] ha) und Baden-Württemberg (804[2] ha).

In Deutschland gibt es 3.035[2] Betriebe, die insgesamt rund 22.600[2] ha Baumschulflächen (Obstgehölze, Rosenunterlagen und -veredelungen, Ziergehölze, Weihnachtsbaumkulturen, Forstpflanzen) bewirtschaften. Im diesjährigen Schwerpunkt wurden neben Zierpflanzen auch Pflanzenschutzmittel-Anwendungen in Ziergehölzen kontrolliert, die mit rund 12.150[2] ha Anbaufläche den größten Anteil an den Baumschulflächen haben. Ebenfalls überprüft wurde die Anwendung in Weihnachtsbaumkulturen mit einer Anbaufläche von ca. 50.000 ha.

---

[2] Statistisches Bundesamt (2010) Statistisches Jahrbuch für die Bundesrepublik Deutschland 2010, Wiesbaden.

Tab. 6.10 Ergebnisse der Schwerpunktkontrollen zur Anwendung von Pflanzenschutzmitteln im Zierpflanzenbau, einschließlich Ziergehölzen (Baumschulen, Weihnachtsbäume) für das Jahr 2011 – Ergebnisse der Kontrollen mit Probenahmen (Probenumfang und Beanstandungen)

	Kontrollen (Anzahl)	Beanstandungen aufgrund von Wirkstoff-Anwendungen (Anzahl, prozentual)
Anzahl kontrollierter Kulturen	294	41 (13,9 %)
• Davon Zierpflanzen (einschließlich Rosen)	133	35 (26,3 %)
• Davon Laubgehölze (auch Obstgehölze)	38	3 (7,9 %)
• Davon Nadelgehölze (einschließlich Weihnachtsbaumkulturen)	102	2 (2,0 %)
• Davon Immergrüne	21	1 (4,8 %)

Bei Zierpflanzen erfolgt die Produktion von Stecklingen oft in Ländern, die sich aufgrund ihres Klimas besonders für die Pflanzenzucht eignen, beispielsweise in Ägypten, Äthiopien, Costa Rica, El Salvador, Israel, Kenia oder Uganda. Das deutsche Pflanzenschutzgesetz schreibt vor, dass Pflanzgut, das Pflanzenschutzmittel enthält, nur nach Deutschland eingeführt werden darf, wenn die Pflanzenschutzmittel zum Zeitpunkt der Einfuhr in Deutschland angewendet werden dürfen oder in einem anderen EU-Mitgliedstaat zugelassen sind. Damit wird das hohe Schutzniveau für Anwender und die Umwelt auch bei importiertem Pflanzgut gewährleistet.

Aus einem analytischen Nachweis von nicht in der jeweiligen Kultur bzw. nicht in Deutschland zugelassenen Pflanzenschutzmittelwirkstoffen kann nicht automatisch auf ein Fehlverhalten des Anwenders geschlossen werden. Vielmehr ist eine Prüfung im Einzelfall notwendig:

- Durch die zunehmend genauere Analytik können auch sehr geringe Rückstände nachgewiesen werden, die z. B. aus der Abdrift bei einer Anwendung in Nachbarkulturen oder aus technisch bedingten Restmengen, die in dem Spritzgerät aus einer vorherigen Anwendung verblieben sind, stammen.
- Nach Deutschland dürfen Saatgut und Pflanzgut importiert und verwendet werden, die mit Pflanzenschutzmitteln behandelt wurden, die in einem Mitgliedstaat der EU zugelassen sind. Daher können importierte Zierpflanzen oder Ziergehölze Rückstände

von in Deutschland nicht zugelassenen Pflanzenschutzmitteln enthalten. Im Zierpflanzenbau erfolgt die Jungpflanzenaufzucht oft in speziellen Betrieben, teilweise auch im Ausland.

Im Kontrollschwerpunkt sollten möglichst viele verschiedene Arten von Zierpflanzen oder Ziergehölzen darauf kontrolliert werden, ob nur zulässige Pflanzenschutzmittel eingesetzt wurden. Dazu werden auf behandelten Flächen oder Töpfen Blatt- oder Bodenproben gezogen. Einige Proben wurden direkt aus der Behandlungsflüssigkeit entnommen, da die Kontrolle zurzeit der Anwendung stattfand. Unter Umständen lassen sich Verstöße auch aus der betriebseigenen Dokumentation ableiten. Zur besseren Übersicht der Ergebnisse sind die Kulturen in folgende Kategorien gruppiert:

- Zierpflanzen (z. B. Chrysanthemen, Dahlien, Geranien, Sonnenblumen, Weihnachtssterne)
- Laubgehölze, inklusive Obst (z. B. Ahorn, Apfel, Buche, Eiche, Linde, Pflaume)
- Weihnachtsbäume, einschließlich sonstiger Nadelgehölze (z. B. Tanne, Fichte)
- Immergrüne (z. B. Buchsbaum, Liguster, Rhododendron, Thuja)

Bei den kontrollierten Laubgehölzen, Nadelgehölzen und Immergrünen handelte es sich fast ausschließlich um Freilandkulturen, während die Zierpflanzen überwiegend in Topfkulturen in Gewächshäusern gezogen wurden.

Tabelle 6.10 gibt eine Übersicht über die Ergebnisse. Insgesamt wurden 294 Kulturen überprüft und dazu 362 Blatt- und Bodenproben auf Rückstände untersucht. 41 Betriebe (13,9 %) wurden beanstandet, weil im Betrieb Pflanzenschutzmittel angewendet wurden, die für die behandelte Kultur keine Zulassung hatten oder weil Anwendungsvorschriften nicht beachtet wurden.

- Bei 133 Kontrollen in Zierpflanzen, wie Chrysanthemen, Dahlien, Geranien, Rosen, Sonnenblumen oder Weihnachtssternen wurden 35 Mal (26,3 %) nicht zulässige Pflanzenschutzmittelanwendungen nachgewiesen.
- In Betrieben, die Laubgehölze (z. B. Ahorn, Buche, Eiche, Linde) oder Obstgehölze (Apfel, Pflaume) kultivieren, wurden bei drei von 38 Kontrollen (7,9 %) unzulässige Pflanzenschutzmittelanwendungen festgestellt.
- In zwei von 102 kontrollierten Nadelgehölzen (2,0 %), hauptsächlich Weihnachtsbaumkulturen, wurden Wirkstoffe nachgewiesen, die in den Kulturen nicht zugelassen sind.

- Bei den Kontrollen von immergrünen Ziergehölzen (Buchsbaum, Liguster, Rhododendron, Thuja) wurde in einer von 21 beprobten Kulturen ein nicht zulässiger Wirkstoff nachgewiesen (4,8 %).

Die Beanstandungen in Tab. 6.10 beziehen sich ausschließlich auf Pflanzenschutzmittelanwendungen, die selbst in den kontrollierten Betrieben durchgeführt wurden. In der Statistik nicht enthalten sind Beanstandungen von Pflanzen, die aus dem Ausland importiert wurden und die Wirkstoffe enthielten, deren Anwendung in der gesamten EU nicht mehr zulässig war.

Neben der Kontrolle der angewendeten Pflanzenschutzmittel fanden Überprüfungen der Sachkunde von Anwendern, der Dokumentation der Pflanzenschutzmittelanwendungen und zur Entsorgungspflicht von Pflanzenschutzmitteln statt. Hierbei ergaben sich Verstöße gegen pflanzenschutzrechtliche Vorschriften. Beispielsweise fehlte eine ausreichende Sachkunde bei Anwendern (Verstoß gegen § 10 (1) PflSchG), Aufzeichnungen über Pflanzenschutzmittelanwendungen fehlten oder waren unvollständig (Verstoß gegen § 6 (4) PflSchG), Pflanzenschutzmittel wurden ohne Genehmigung auf nicht landwirtschaftlich, forstwirtschaftlich oder gärtnerisch genutzten Flächen angewendet (Verstoß gegen § 6 (2) PflSchG) oder es wurden nicht durch amtliche Kontrollstellen geprüfte Pflanzenschutzgeräte eingesetzt (Verstoß gegen § 7 PflSchMGV). Weitere Beanstandungen ergaben sich, da Pflanzen zum Verkauf angeboten wurden, die Rückstände von Pflanzenschutzmittel-Wirkstoffen enthielten, die zum Zeitpunkt der Einfuhr weder in Deutschland noch in einem anderen EU-Mitgliedstaat angewendet werden durften.

Eine Übersicht über die Wirkstoffe, die im eigenen Betrieb angewendet wurden und die zu Beanstandungen führten, ist in Tab. 6.11 zu finden. Zusätzlich zu den dort genannten Kulturen erfolgten Kontrollen in Kulturpflanzen, die nicht zu Beanstandungen führten. Diese sind nachfolgend aufgeführt. In Klammern ist die Anzahl der Kontrollen angegeben.

- Zierpflanzen: Alpenveilchen (1), Azaleen (1), Begonien (1), Calla (1), Christrosen (1), diverse Zierpflanzen (12), Fleißiges Lieschen (1), Fuchsien (1), Gänseblümchen (1), Gerbera (1), Primeln (2), Rittersporn (1), Stiefmütterchen (1), Storchschnabel (2)
- Laubgehölze, einschließlich Obst: Ahorn (1), Apfel (5), Citrus (1), diverse Obstgehölze (2), diverse Ziergehölze (15), Eiche (1), Fingerstrauch (1), Forsythie (1), Linde (1), Pflaume (1), Preiselbeere (1)
- Immergrüne: Buchsbäume (5), Cotoneaster (1), Kirschlorbeer (1), Liguster (3), Thuja (8)

Die Analysenergebnisse zeigen, dass in Zierpflanzen teilweise Wirkstoffe eingesetzt wurden, deren Verwendung als Pflanzenschutzmittel EU-weit verboten ist und bei denen die Zulassungen von Pflanzenschutzmitteln in Deutschland teilweise schon vor langer Zeit ausgelaufen sind: Chloroxuron, Dichlofluanid, Dimefuron, Flurprimidol, Endosulfan, Hexazinon, Methamidophos, Parathion und Vinclozolin. In Tab. 6.11 sind sie an dem hochgestellten a) zu erkennen.

Einige der beanstandeten Anwendungen erfolgten mit Wirkstoffen, die in Deutschland in den vergangenen Jahren in zugelassenen Pflanzenschutzmitteln enthalten waren, aber im Jahr 2011 nicht mehr angewendet werden durften. In anderen Mitgliedstaaten sind Pflanzenschutzmittel mit diesen Wirkstoffen teilweise noch zugelassen: Bitertanol, Buprofezin, Cyfluthrin, Dodemorph, Lenacil und Teflubenzuron. Pflanzenschutzmittel mit dem Wirkstoff Pyridaben waren in Deutschland nie zugelassen. Wirkstoffe, die in diese Kategorie fallen, sind in Tab. 6.11 mit einem b) markiert.

Ein Teil der Beanstandungen ergab sich aus dem Nachweis von Wirkstoffen, die in Deutschland in zugelassenen Pflanzenschutzmitteln enthalten sein dürfen, jedoch nicht in den beprobten Kulturen angewendet werden durften. Die Wirkstoffe sind in Tab. 6.11 an einem hochgestellten c) zu erkennen.

Weitere Beanstandungen entfielen auf Fälle, bei denen der Wirkstoff in den beprobten Kulturen zulässig war, aber nicht das verwendete Pflanzenschutzmittel. In einigen Fällen wurden Anwendungsvorschriften missachtet (Anzahl der Anwendungen in einer Kultur pro Jahr, Anwendung nur unter Glas bzw. nur im Freiland, nur für die Anwendung im Haus- und Kleingarten ...). Markiert sind solche Wirkstoffe in Tab. 6.11 mit einem d).

Fazit: Aus den Ergebnissen des Schwerpunkts kann *nicht* der Schluss gezogen werden, dass im Zierpflanzenbau generell Pflanzenschutzmittel nicht ordnungsgemäß angewendet werden. Aufgrund des geringen Probenumfangs für die einzelnen Kulturen können die Ergebnisse nicht auf eine Allgemeinsituation in Deutschland extrapoliert werden. Im Schwerpunkt wurden beispielsweise Betriebe gezielt kontrolliert, die in Vorjahreskontrollen auffällig gewesen waren.

Die Ergebnisse des Pflanzenschutz-Kontrollprogramms zeigen, dass in Zierpflanzen und Ziergehölzen teilweise nicht oder nicht in der Kultur zugelassene Pflanzenschutzmittel angewendet oder unzulässig Pflanzen importiert wurden, die Rückstände von Wirkstoffen enthielten, deren Verwendung in der EU nicht erlaubt ist. Überwiegend handelte es sich bei den unzulässig eingesetzten Pflanzenschutzmitteln ohne Zulassung um alte Lagerbestände.

Tab. 6.11 Nachgewiesene Rückstände von nicht in der Kultur zulässigen Wirkstoffen im Schwerpunkt „Anwendung von Pflanzenschutzmitteln im Zierpflanzenbau, einschließlich Ziergehölzen (Baumschulen, Weihnachtsbäume)" für das Jahr 2011

Untersuchte Kulturen	Anzahl kontrollierter Kulturen	Anzahl der Kulturen mit Beanstandungen	Nachgewiesene Wirkstoffe, deren Anwendung in den untersuchten Kulturen nicht zulässig war
Zierpflanzen			
Astern (Winterastern)	2	1	Prochloraz[c]
Besenheide (Calluna)	6	5	Azoxystrobin[d], beta-Cyfluthrin[c], Captan[c], Chlorthalonil[c], 2 × Cyprodinil[c], 2 × Deltamethrin[d], Dicamba[c], Dodin[c], Fluazinam[c], Fludioxonil[c], Glyphosat[d], 4 × Prochloraz[c], MCPA[c]
Chrysanthemen	16	5	Buprofezin[b] (2009), 3 × Chlormequat[d], Daminozid[d], 2 × Deltamethrin[d], Endosulfan[a] (1991), Imidacloprid[d], Spiroxamine[c], Teflubenzuron[b] (2007)
Dahlien	7	1	Parathion[a] (2002)
Geranien (Pelargonien)	21	3	Captan[c], Chlorthalonil[c], Carbendazim[c], 2 × Vinclozolin[a] (2002)
Greiskraut	1	1	Methamidophos[a] (2008), Pyridaben[b] (es gab nie eine Zulassung in D.), Vinclozolin[a] (2002)
Kokardenblumen	1	1	Flusilazol[c]
Nelken	1	1	Chloroxuron[a] (1990), Lenacil[b] (1989)
Petunien	2	1	Chlormequat[d], Kupferoxychlorid[c], Methamidophos[a] (2008),
Rosen	32	8	Bitertanol[b] (2004), Carbendazim[c], 3 × Cyflufenamid[c], Cyfluthrin[b] (2009), 2 × Deltamethrin[d], Dichlofluanid[a] (2003), 2 × Dodemorph[b] (1988), Endosulfan[a] (1991), Fluquinconazol[c], 2 × Flusilazol[c], Methiocarb[d], Penconazol[c], Pyrimethanil[c],
Rosmarin	1	1	Prochloraz[c]
Sonnenblumen	3	1	Buprofezin[b] (2009), Tebuconazol[c], Spiroxamine[c]
Wandelröschen (Lantana)	1	1	Paclobutrazol[b] (1990), Flurprimidol[a] (2008),
Weihnachtssterne	10	4	2 × Chlormequat[d], Cyprodinil[c], Pencycuron[c], 2 × Teflubenzuron[b] (2007)
Andere Wolfsmilch-Gewächse	2	2	2 × Chlormequat[d], Cyprodinil[c], Fludioxonil[c], Metiram[d] (NI)
Laubgehölze, einschließlich Obst			
Buchen	6	1	Thiamethoxam[c]
Felsenbirne	1	1	Cyazofamid[c], Fenpropidin[c]
Johannisbeere	1	1	Dimethoat[c]
Weihnachtsbäume und Nadelgehölze			
Weihnachtsbäume	102	2	Carbetamid[b] (2004), Chlorpyrifos[d], Dimefuron[a] (2004), Diuron[b] (2008), Hexazinon[a] (1991), Napropamid[b] (2005), Parathion[a] (2002), Tau-Fluvalinat[c]
Immergrüne			
Rhododendron	3	1	Boscalid[c]

a) Die Wirkstoffe sind EU-weit in Pflanzenschutzmitteln unzulässig. In Klammern ist das Jahr mit der letzten Zulassung von Pflanzenschutzmitteln in Deutschland angegeben, sofern Zulassungen bestanden.

b) Die Wirkstoffe können in der EU prinzipiell in Pflanzenschutzmitteln enthalten sein; es gab 2011 aber keine zugelassenen Pflanzenschutzmittel in Deutschland. Bis zum genannten Jahr bestanden Zulassungen von Pflanzenschutzmitteln mit diesem Wirkstoff in Deutschland (nicht unbedingt zur Anwendung in Zierpflanzen, teilweise gab es Aufbrauchfristen).

c) Pflanzenschutzmittel mit dem genannten Wirkstoff waren 2011 in Deutschland zugelassen oder unterlagen der Aufbrauchfrist, jedoch nicht zur Anwendung in den genannten Zierpflanzen.

d) Pflanzenschutzmittel mit dem genannten Wirkstoff waren 2011 in Deutschland zugelassen, auch zur Anwendung in den genannten Zierpflanzen. Bei den Anwendungen wurden die mit der Zulassung festgelegten Beschränkungen (nur im Gewächshaus, nur im Freiland, nur für die Anwendung im Haus- und Kleingarten) nicht beachtet oder es wurden Produkte verwendet, die keine Zulassung in Deutschland haben.

Dieser Kontrollschwerpunkt, kombiniert mit Beratungsangeboten speziell für den Zierpflanzenbau, wird fortgeführt.

Der Kontakt zwischen Pflanzenschutzdiensten, Gartenbaubetrieben, Berufsverbänden und Beratern wurde intensiviert, um die Betroffenen zu sensibilisieren. Diese Aktivitäten werden fortgeführt (siehe Beispiel: Maßnahmen der Landwirtschaftskammer Nordrhein-Westfalen zur Vermeidung von Beanstandungen bei importierten Jungpflanzen im Zierpflanzenbau).

Beispiel

Maßnahmen der Landwirtschaftskammer Nordrhein-Westfalen zur Vermeidung von Beanstandungen bei importierten Jungpflanzen im Zierpflanzenbau

Mit dem Zentralverband Gartenbau – Fachgruppe Jungpflanzen – wurde die Anhaftung problematischer Wirkstoffe bei der Einfuhr von nicht rückstandsrelevanten Jungpflanzen (Einfuhr aus Drittländern) besprochen. Der Zentralverband weist seine Mitgliedsbetriebe darauf hin, dass nur in der EU genehmigte Wirkstoffe den Jungpflanzen/dem Pflanzgut anhaften dürfen. Betriebe weisen ihre Zulieferer darauf hin, dass zukünftig nur noch Jungpflanzen/Pflanzgut anzuliefern, die mit in der EU genehmigten Wirkstoffen behandelt wurden.

Der Zentralverband Gartenbau führt an, dass das Thema im Hinblick auf die GlobalGap-Zertifizierung an Bedeutung gewonnen hat und auch im Betriebsmanagement beachtet wird. Für die Betriebe ist es schwierig, an Informationen zu gelangen, welche Wirkstoffe/Produkte in der EU zugelassen sind und damit angewandt werden dürfen. Hier erbittet der Verband Unterstützung durch den Amtlichen Dienst, z. B. durch die Bereitstellung aktueller Wirkstofflisten.

Den Mitgliedsbetrieben wird empfohlen, bei Pflanzen, die im Ausland angezogen und anschließend nach Deutschland importiert werden, in den Begleitpapieren sämtliche Pflanzenschutzmaßnahmen zu dokumentieren.

6.2.2 Bundesweiter Kontrollschwerpunkt: Anwendung von Pflanzenschutzmitteln in Kernobst (Äpfel, Birnen, Quitte, Apfelbeere – Aronia)

Für das Jahr 2011 wurde als zweiter bundesweiter Schwerpunkt die Anwendung von Pflanzenschutzmitteln in Kernobst festgelegt. Zum Kernobst gehören Äpfel, Birnen, Quitten und die Apfelbeere (Aronia).

Die Auswahl von Kernobst erfolgte unter Berücksichtigung mehrerer Aspekte: Verbraucher haben großes Interesse an Informationen über die Anwendung von Pflanzenschutzmitteln in Kulturen, die der Ernährung dienen. Obstkulturen werden relativ intensiv mit Pflanzenschutzmitteln behandelt, da es ein großes Spektrum an Schädlingen und Krankheiten gibt und der Handel und die Verbraucher besondere Anforderungen an die Beschaffenheit der Früchte stellen (makelloses Aussehen, Lagerfähigkeit).

In Deutschland werden erwerbsmäßig auf ca. 31.800[3] ha Äpfel und auf ca. 2.100[3] ha Birnen angebaut. Die größten Obstanbauflächen liegen in Baden-Württemberg, gefolgt von Niedersachsen, Bayern und Rheinland-Pfalz. Die bekanntesten Anbaugebiete für Äpfel sind das „Alte Land" bei Hamburg und die Bodenseeregion. Eines der wenigen und zugleich größten Anbaugebiete der Apfelbeere in Deutschland liegt in Sachsen an der Elbe zwischen Dresden und Meißen. Dort werden auf rund 33 Hektar Apfelbeeren angebaut. Die Apfelbeere stammt ursprünglich aus dem Osten Nordamerikas. Sie gehört zu den Wildobstsorten; die Früchte sind etwa erbsengroß.

Für die Kontrollen wurde ein Mindeststoffspektrum an Wirkstoffen vorgegeben, das die Ergebnisse der Lebensmittelüberwachung und Änderungen in der Zulassungssituation von Pflanzenschutzmitteln zur Anwendung in Kernobst der letzten Jahre berücksichtigt. Insbesondere wurde kontrolliert, ob Pflanzenschutzmittel mit ausgelaufenen oder widerrufenen Zulassungen nur bis zum Ende der gesetzlichen Aufbrauchfrist angewendet wurden und nicht darüber hinaus.

Im Jahr 2011 wurden in 239 Betrieben die Anwendungen von Pflanzenschutzmitteln in Kernobst auf insgesamt 255 Schlägen überprüft. In 14 Betrieben (15 Schläge) wurde bemängelt, dass Pflanzenschutzmittel eingesetzt wurden, die in Deutschland keine Zulassung bzw. Genehmigung für eine Anwendung in der überprüften Kultur hatten, oder EU-weit nicht mehr in Pflanzenschutzmitteln enthalten sein dürfen. Das entspricht einer Beanstandungsquote von 5,9 % der kontrollierten Betriebe bzw. der kontrollierten Schläge (siehe Tab. 6.12).

In Tab. 6.13 sind detaillierte Angaben zu den insgesamt 255 überprüften Schlägen aufgeführt. Es wurden 226 Apfelplantagen und 29 Birnenpflanzungen kontrolliert. Auf den 15 beanstandeten Schlägen wurden insgesamt 18 nicht zulässige Wirkstoffanwendungen festgestellt. In 17 Fällen wurden Wirkstoffe angewendet, die in Deutschland in zugelassenen Pflanzenschutzmitteln

---

[3] BMELV (2009) Statistisches Jahrbuch über Ernährung, Landwirtschaft und Forsten der Bundesrepublik Deutschland 2009, Bremerhaven.

Tab. 6.12 Ergebnisse der Schwerpunktkontrollen zur Anwendung von Pflanzenschutzmitteln im Kernobst für das Jahr 2011 – Probenumfang und Beanstandungen

	Kontrollen (Anzahl)	Beanstandungen (Anzahl, prozentual)
Anzahl kontrollierter Betriebe	239	14 (5,9 %)
Anzahl kontrollierter Schläge	255	15 (5,9 %)

enthalten sein dürfen, die jedoch keine Zulassung für eine Anwendung in Kernobst besitzen: Carbendazim (2 ×), Chlorpyrifos (4 ×), Dimethoat, Folpet (5 ×), Flusilazol, lambda-Cyhalothrin, Mancozeb und Quinoxyfen (2 ×). In einem Fall wurde der Wirkstoff Dicofol nachgewiesen, dessen Anwendung EU-weit verboten ist. Die letzte Zulassung eines dicofolhaltigen Pflanzenschutzmittels in Deutschland endete 1989.

6.2.3 Anwendungskontrollen in landwirtschaftlichen, gärtnerischen und forstwirtschaftlichen Betrieben

Die Kontrollen zur Anwendung von Pflanzenschutzmitteln erfolgen in Form von:

- Kontrollen in den Betrieben (Betriebsprüfungen),
- Kontrollen auf Flächen während der Anwendung von Pflanzenschutzmitteln,
- Kontrollen auf Flächen nach der Anwendung von Pflanzenschutzmitteln.

Kontrollen *in den Betrieben* (auf dem Hof) werden ganzjährig durchgeführt. Die Kontrollen erfolgen teilweise angemeldet, um kompetente Ansprechpartner im Betrieb anzutreffen. Die Betriebe werden aufgrund einer systematischen Auswahl und der Festsetzung von Schwerpunkten bestimmt und kontrolliert. Zusätzlich können anlassbezogen vertiefte Kontrollen vor Ort durchgeführt werden, z. B. Kontrollen nach der Anwendung von Pflanzenschutzmitteln.

Kontrollen auf Flächen *während der Anwendung* oder unmittelbar danach erfolgen grundsätzlich unangemeldet. Sie sind nur durchführbar, wenn sich der Anwender auf der Fläche befindet. Deshalb ist eine exakte Jahresplanung nicht möglich. Für bestimmte Kulturen oder innerhalb enger Anwendungszeitfenster sind diese Kontrollen eingeschränkt planbar (Beispiel: Überprüfung der Anwendung bienengefährlicher Pflanzenschutzmittel zur Blütezeit). Bei den Anwendungskontrollen auf dem Feld wird durch Befragung der Landwirte oder Kontrolle

Tab. 6.13 Ergebnisse der Schwerpunktkontrollen zur Anwendung von Pflanzenschutzmitteln im Kernobst für das Jahr 2011 (nachgewiesene Rückstände von nicht zulässigen Wirkstoffen, die aus aktuellen Anwendungen in den aufgeführten Kulturen stammen)

Untersuchte Kulturen	Anzahl kontrollierter Schläge	Anzahl der Schläge mit Beanstandungen	Nachgewiesenen Wirkstoffe, deren Anwendung in den untersuchten Kulturen nicht zulässig war
Äpfel	226	12	2 × Carbendazim[b], 3 × Chlorpyrifos[b], Dicofol[a] (1989), Dimethoat[b], 4 × Folpet[b], Flusilazol[b], Mancozeb[b], 2 × Quinoxyfen[b]
Birnen	29	3	Chlorpyrifos[b], Folpet[b], lambda-Cyhalothrin[b]

a) Der Wirkstoff ist EU-weit in Pflanzenschutzmitteln unzulässig. In Klammern ist das Jahr mit der letzten Zulassung von Pflanzenschutzmitteln in Deutschland angegeben, sofern Zulassungen bestanden.
b) Pflanzenschutzmittel mit den genannten Wirkstoffen waren 2011 in Deutschland zugelassen, jedoch nicht zur Anwendung in Kernobst.

mitgeführter Pflanzenschutzmittelbehältnisse festgestellt, welche Produkte appliziert werden. Anschließend wird überprüft, ob die verwendeten Pflanzenschutzmittel zugelassen sind, welche Anwendungsgebiete sowie Anwendungsbestimmungen festgesetzt sind oder ob sie einem Anwendungsverbot oder einer Anwendungsbeschränkung unterliegen. Die Auskünfte des Anwenders und die festgestellten Ergebnisse werden protokollarisch festgehalten. Wenn keine Behältnisse mitgeführt werden oder Zweifel an den Aussagen des Anwenders bestehen, werden zur Überprüfung der Angaben Fassproben (Behandlungsflüssigkeitsproben) entnommen und rückstandsanalytisch untersucht.

Kontrollen auf der Fläche *nach der Anwendung* sind stets planbare Kontrollen und gehen in der Regel mit einer Entnahme von Pflanzen- oder Bodenproben einher. Sie müssen jedoch in einem angemessen kurzen Zeitraum nach der Anwendung erfolgen. Die Auswahl und eindeutige Zuordnung von Flächen zu Betrieben ist vor den Probenahmen möglich. Bei einer Herbizidanwendung lässt sich auch visuell überprüfen, ob die Anwendungsbestimmungen (z. B. unbehandelter Randstreifen, Abstand zum Gewässer) eingehalten worden sind. In der Regel erfolgt vor, während oder nach der Beprobung eine Befragung des Bewirtschafters, um eingrenzen zu können, welche Pflanzenschutzmittelwirk-

Tab. 6.14 Kontrollen der im Gebrauch befindlichen Pflanzenschutzgeräte im Jahr 2011

	Kontrollen (Anzahl)	Beanstandungen (Anzahl, prozentual)
Anzahl kontrollierter Geräte während der Anwendung oder auf dem Hof, Summe	4.231	118 (2,8 %)
• Davon systematische Kontrollen	3.917	90 (2,3 %)
• Davon Anlasskontrollen	314	28 (8,9 %)

Tab. 6.15 Kontrollen zu erforderlichen fachlichen Kenntnissen (Sachkunde) der Pflanzenschutzmittelanwender im Jahr 2011

	Kontrollen (Anzahl)	Beanstandungen (Anzahl, prozentual)
Anzahl kontrollierter Anwender, Summe	4.525	76 (1,7 %)
• Davon systematische Kontrollen	4.193	59 (1,4 %)
• Davon Anlasskontrollen	332	17 (5,1 %)

stoffe bei der Laboranalyse berücksichtigt werden müssen. Die Kontrollen mittels Analyse von Boden- oder Blattproben sind sehr zeit- und kostenintensiv.

Die Summenangaben im vorliegenden Bericht beziehen sich auf die einzelnen überprüften Tatbestände. Sie korrespondieren daher nicht immer mit der Anzahl aller kontrollierten Betriebe. So können z. B. in einem Betrieb mehrere Personen auf ihre fachlichen Kenntnisse (Sachkunde) überprüft werden. Im gleichen Betrieb kann jedoch auf eine Kontrolle des Tatbestands „Einhaltung der Anwendungsbestimmungen" verzichtet worden sein, da zum Zeitpunkt der Überprüfung keine Pflanzenschutzmaßnahmen durchgeführt wurden.

Insgesamt wurden im Jahr 2011 5.367 Betriebe kontrolliert. Diese Zahl setzt sich aus 2.296 Betriebskontrollen und 2.961 Anwendungskontrollen zusammen. Da bei einigen Betrieben sowohl Betriebskontrollen als auch Anwendungskontrollen durchgeführt wurden, ist die Summe der beiden Kontrollarten höher als die Anzahl der insgesamt kontrollierten Betriebe. Bei den Kontrollen wurden 3.059 Proben von Boden, Pflanzen oder Behandlungsflüssigkeiten entnommen und analysiert.

6.2.3.1 Pflanzenschutzgeräte im Gebrauch

Nach der Pflanzenschutzmittelverordnung dürfen nur Pflanzenschutzgeräte verwendet werden, die der vorgeschriebenen Prüfung unterzogen worden sind. Daher wird bei der Kontrolle des Gerätes zuerst geprüft, ob eine gültige Prüfplakette vorhanden ist. Alternativ kann der Anwender auch mit dem Prüfprotokoll die fristgerechte Prüfung des Gerätes nachweisen. Weiterhin wird durch eine visuelle Überprüfung des äußeren Zustandes des Gerätes festgestellt, ob es offensichtliche Mängel gibt, die eine ordnungsgemäße Applikation des Pflanzenschutzmittels beeinträchtigen, z. B. undichte Behälter- und Drucksysteme, fehlerhafte Manometer, nachtropfende Düsen, defekte oder hängende Spritzgestänge.

In Tab. 6.14 sind die Ergebnisse der 4.231 Kontrollen aufgeführt. Die Beanstandungsquote lag bei 2,8 % und

damit niedriger als im Vorjahr (2010: 3,3 %). Es wurden Bußgelder bis zu einer Höhe von 1.224 € erteilt.

6.2.3.2 Sachkunde der Anwender

Wer Pflanzenschutzmittel im landwirtschaftlichen, gartenbaulichen oder forstwirtschaftlichen Eigenbetrieb oder als Lohnunternehmer anwendet, muss die dafür erforderliche Zuverlässigkeit und die dafür notwendigen fachlichen Kenntnisse und Fertigkeiten haben. Näheres regelt die Pflanzenschutz-Sachkundeverordnung.

Bei 4.525 Kontrollen wurden in 1,7 % der Fälle Personen ohne die erforderliche Sachkunde im Umgang mit Pflanzenschutzmitteln festgestellt (Tab. 6.15). Im Vorjahr wurden 1,6 % der Anwender beanstandet. Es wurden Bußgelder bis zu einer Höhe von 100 € erteilt.

6.2.3.3 Einhaltung der Anwendungsgebiete

Pflanzenschutzmittel dürfen nur angewendet werden, wenn sie zugelassen sind. Für Mittel, deren Zulassung durch Zeitablauf endet, gibt es eine Aufbrauchfrist. Zudem dürfen Pflanzenschutzmittel nur in den Anwendungsgebieten angewendet werden, die bei der Zulassung vorgesehen oder genehmigt sind, also nur für die ausgewiesenen Kulturen und gegen die bezeichneten Schaderreger (z. B. Anwendung in Winterweizen zur Bekämpfung von zweikeimblättrigen Unkräutern).

In Tab. 6.16 sind die Ergebnisse aus den bundesweiten Schwerpunktkontrollen zur Anwendung von Pflanzenschutzmitteln im Zierpflanzenbau und in Kernobst (Abschn. 6.2.1 und 6.2.2) enthalten, da diese auch Kontrollen zur Einhaltung von Anwendungsgebieten darstellen. Insgesamt wurden 3.109 Inspektionen durchgeführt. Bei 2.822 systematischen Kontrollen wurden in 72 Fällen (2,6 %) Mängel festgestellt (2010: 3,3 %); bei 287 Anlasskontrollen wurden in 24 % aller Fälle Mängel festgestellt. Anlässe für Kontrollen können z. B. das Auffinden bestimmter Pflanzenschutzmittel im Betrieb sein, die nicht zu den angebauten Kulturen passen oder Rückstände in Pflanzen, die in der Lebensmittelkontrolle identifiziert wurden. Es wurden Bußgelder bis zu 3.000 € verhängt.

Tab. 6.16 Kontrollen zur Einhaltung von Anwendungsgebieten im Jahr 2011

	Kontrollen (Anzahl)	Beanstandungen (Anzahl, prozentual)
Anzahl der kontrollierten Schläge, Summe	3.109	141 (4,5 %)
• Davon systematische Kontrollen	2.822	72 (2,6 %)
• Davon Anlasskontrollen	287	69 (24 %)

Tab. 6.17 Kontrollen zur Einhaltung von Anwendungsbestimmungen, behördlichen Anordnungen und zum Bienenschutz im Jahr 2011

	Kontrollen (Anzahl)	Beanstandungen (Anzahl, prozentual)
Anzahl der kontrollierten Schläge, Summe	1.984	108 (5,4 %)
• Davon systematische Kontrollen	1.810	88 (4,9 %)
• Davon Anlasskontrollen	174	20 (11,5 %)
• Darunter Bienenschutzkontrollen	724	10 (1,4 %)

Tab. 6.18 Kontrollen zur Einhaltung von Anwendungsverboten und -beschränkungen (nach Pflanzenschutz-Anwendungsverordnung) im Jahr 2011

	Kontrollen (Anzahl)	Beanstandungen (Anzahl, prozentual)
Anzahl der kontrollierten Schläge, Summe	1.703	2 (0,1 %)
• Davon systematische Kontrollen	1.539	1 (0,1 %)
• Davon Anlasskontrollen	164	1 (0,6 %)

chen Anordnungen und zum Bienenschutz aufgeführt. Insgesamt wurden 1.984 Kontrollen durchgeführt, darunter 724, die dem Bienenschutz galten. In 5,4 % aller Kontrollen wurden Verstöße festgestellt. Das Ergebnis liegt damit über dem Niveau des Vorjahres 2010 (2,3 %).

Die Beanstandungsquote bei den 1.810 systematischen Kontrollen betrug 4,9 % (2010: 1,5 %). Naturgemäß liegen die Beanstandungsquoten bei den Anlasskontrollen höher. Bei 11,5 % der 174 anlassbezogenen Kontrollen, z. B. nach Anzeigen, wurden Verstöße festgestellt. Die Folge waren Bußgelder bis zu 1.200 €.

6.2.3.4 Einhaltung der Anwendungsbestimmungen und Bienenschutzbestimmungen

Anwendungsbestimmungen sind Vorschriften, die vom BVL mit der Zulassung eines Mittels erteilt werden, um schädliche Auswirkungen auf die Gesundheit von Mensch und Tier oder auf das Grundwasser oder sonstige unvertretbare Auswirkungen, insbesondere auf den Naturhaushalt, zu verhindern. Zu den Anwendungsbestimmungen gehören beispielsweise Mindestabstände zu Gewässern und Saumbiotopen. Die Bienenschutzverordnung enthält Vorschriften für bienengefährliche Pflanzenschutzmittel. So dürfen solche Mittel nicht an blühenden Pflanzen angewendet werden und auch nicht an anderen Pflanzen, die von Bienen beflogen werden. Gezielte Kontrollen erfolgen z. B. in der Zeit der Obst-, Reben- und Rapsblüte. Die Kontrolle der genannten Vorschriften erfolgt über die Entnahme und Analyse von Boden- oder Pflanzenproben. Bei Kontrollen während der Anwendung können des Weiteren Proben von Behandlungsflüssigkeiten genommen werden. Auch Dokumentationsprüfungen sind möglich, wenn es um erteilte bzw. nicht erteilte Einzelfallgenehmigungen nach § 18b PflSchG geht.

In Tab. 6.17 sind die Ergebnisse der Kontrollen zur Einhaltung von Anwendungsbestimmungen, behördli

6.2.3.5 Einhaltung der Anwendungsverbote und -beschränkungen

Die Pflanzenschutz-Anwendungsverordnung enthält Anwendungsverbote und -beschränkungen für Pflanzenschutzmittel, die bestimmte Wirkstoffe enthalten. Nachfolgend sind nur Kontrollen und Beanstandungen für die Anwendung auf landwirtschaftlich, forstwirtschaftlich oder gärtnerisch genutzten Flächen aufgeführt. Kontrollen und Beanstandungen, die sich auf eine Anwendung auf *nicht* landwirtschaftlich, forstwirtschaftlich oder gärtnerisch genutzten Flächen (z. B. Gehwege, Betriebsflächen, Gleise) beziehen, sind im Abschn. 6.2.4 aufgeführt.

Die Kontrollen erfolgen in der Regel nach der Anwendung von Pflanzenschutzmitteln über die Entnahme und Analyse von Boden- oder Pflanzenproben. Wird ein Anwender während der Applikation angetroffen, können auch Proben der Behandlungsflüssigkeiten entnommen werden. Die betreffenden Wirkstoffe werden über Multimethoden erfasst. Zusätzlich wurden gezielte Kontrollen zur Anwendung bestimmter verbotener Wirkstoffe durchgeführt.

Wie aus Tab. 6.18 ersichtlich, wurden bei den 1.703 Kontrollen zwei Verstöße (0,1 %) festgestellt (2010: 0,6 %).

Tab. 6.19 Kontrollen zur Dokumentation von Pflanzenschutzmittelanwendungen im Jahr 2011

	Kontrollen (Anzahl)	Beanstandungen (Anzahl, prozentual)
Anzahl der kontrollierten Betriebe, Summe	3.019	202 (6,7 %)
• Davon systematische Kontrollen	2.798	160 (5,7 %)
• Davon Anlasskontrollen	221	42 (19 %)

Tab. 6.20 Kontrollen bei Anwendern zur Einhaltung der Entsorgungspflicht von verbotenen Pflanzenschutzmitteln im Jahr 2011

	Kontrollen (Anzahl)	Beanstandungen (Anzahl, prozentual)
Anzahl der kontrollierten Betriebe, Summe	1.668	99 (5,9 %)
• Davon systematische Kontrollen	1.520	92 (6,1 %)
• Davon Anlasskontrollen	148	7 (4,7 %)

6.2.3.6 Dokumentation von Pflanzenschutzmittelanwendungen

Die Anwendung von Pflanzenschutzmitteln muss gemäß § 6 Abs. 4 des Pflanzenschutzgesetzes dokumentiert werden. Es sind mindestens der Name des Anwenders, die jeweilige Anwendungsfläche, das Anwendungsdatum, das verwendete Pflanzenschutzmittel, die Aufwandmenge sowie das Anwendungsgebiet (Kultur und Schadorganismus) aufzuzeichnen.

Bei der Kontrolle werden die Unterlagen stichprobenartig auf ihre Plausibilität und Vollständigkeit geprüft. Es wird auch kontrolliert, ob die Aufzeichnungen mindestens für zwei Jahre aufbewahrt werden. Wie in Tab. 6.19 aufgeführt, wurde in 3.019 Betrieben die Dokumentation überprüft. In 202 Betrieben (6,7 %) fehlten Aufzeichnungen oder waren unvollständig. Im Vorjahr lag die Beanstandungsquote bei 9,9 %. Es wurden Bußgelder bis zu 200 € erteilt.

6.2.3.7 Einhaltung der Entsorgungspflicht für verbotene Pflanzenschutzmittel

Mit der Änderung des Pflanzenschutzgesetzes am 5. März 2008 wurde eine Entsorgungspflicht für Pflanzenschutzmittel eingeführt (§ 7 Abs. 1 Satz 2 PflSchG). Erfasst werden hiermit Pflanzenschutzmittel, die Wirkstoffe enthalten, die nach der Pflanzenschutz-Anwendungsverordnung einem vollständigen Anwendungsverbot unterliegen oder die nicht in Anhang I der Richtlinie 91/414/EWG aufgenommen wurden und damit EU-weit verboten sind.

Zur Kontrolle eines landwirtschaftlichen Betriebes gehört auch die Überprüfung des Pflanzenschutzmittellagers. Nach der guten fachlichen Praxis im Pflanzenschutz sollen die Mengen und die Dauer der Aufbewahrung von Pflanzenschutzmitteln auf ein notwendiges Minimum begrenzt werden. So wird verhindert, dass Pflanzenschutzmittel überlagern oder abgelaufene Pflanzenschutzmittel zum Einsatz kommen. Bei der Kontrolle wird darauf geachtet, dass Pflanzenschutzmittel getrennt von Lebensmitteln und Futtermitteln gelagert werden, nicht zugelassene Pflanzenschutzmittel deutlich gekennzeichnet sind und separat aufbewahrt werden und keine Pflanzenschutzmittel gelagert werden, deren Entsorgung nach dem Pflanzenschutzgesetz vorgeschrieben ist.

In 99 von 1.668 Betrieben (5,9 %) wurden Pflanzenschutzmittel vorgefunden, die der Entsorgungspflicht unterliegen (Tab. 6.20). Im Vorjahr wurden 4,0 % der kontrollierten Betriebe beanstandet. In diesen Fällen wurde eine Entsorgung angeordnet. Die Entsorgung war gegenüber den Pflanzenschutzdiensten durch Belege nachzuweisen.

6.2.3.8 Anzeigepflicht von gewerblichen Pflanzenschutzmittelanwendern und -beratern

Gemäß § 9 PflSchG unterliegen Gewerbetreibende, die für Dritte Pflanzenschutzmittel anwenden (z. B. Lohnunternehmen) oder die andere über deren Anwendung beraten, einer Anzeigepflicht bei den zuständigen Pflanzenschutzdiensten. Anhand von Listen der gemeldeten Betriebe wird überprüft, ob das Anzeigeverfahren durchgeführt wurde. Für die Kontrollen können auch Nachfragen bei Gewerbeaufsichtsämtern und Handelskammern oder Recherchen im Branchenbuch stattfinden.

Bei der Kontrolle von landwirtschaftlichen Betrieben wurde unter anderem überprüft, ob Pflanzenschutzmittel für oder von Nachbarn oder Dritten ausgebracht werden. Die in Tab. 6.21 genannte Anzahl von Kontrollen (739 Betriebe) berücksichtigt nur Betriebe, die tatsächlich Pflanzenschutzmaßnahmen in Dienstleistung für Dritte vornahmen.

Bei den 739 Kontrollen ergaben sich 40 Beanstandungen, das entspricht einer Quote von 5,4 % (2010: 4,3 %). Es wurden Bußgelder bis zu 150 € verhängt. Ein Teil der Beanstandungen ist auch darauf zurückzuführen, dass sich aus gelegentlicher (nicht meldepflichtiger) Nachbarschaftshilfe zwischen Landwirten bzw. landwirtschaftlichen Betrieben eine regelmäßige und damit anzeigepflichtige Dienstleistung entwickelt hatte. Vielen Betriebsleitern war nicht bekannt, dass diese Dienstleistung einer Anzeigepflicht gemäß Pflanzenschutzgesetz unterliegt.

6.2.4 Anwendungskontrollen auf sonstigen Freilandflächen, die nicht landwirtschaftlich, forstwirtschaftlich oder gärtnerisch genutzt werden

Die Anwendung von Pflanzenschutzmitteln auf Freilandflächen, die nicht landwirtschaftlich, forstwirtschaftlich oder gärtnerisch genutzt werden, ist nach § 6 Absatz 3 PflSchG nur mit einer Genehmigung der zuständigen Behörde erlaubt. Zu diesen Freiflächen zählen z. B. Gleisanlagen, Straßen, Auffahrten, Wegränder, Hof- und Betriebsflächen. Die genaue Auslegung, welche Flächen nicht unter den Begriff „gärtnerische Nutzung" fallen, kann in den einzelnen Ländern unterschiedlich sein.

Die Anwendung von Pflanzenschutzmitteln auf befestigten Flächen kann nach Niederschlägen zu einem direkten Eintrag dieser Stoffe in Oberflächengewässer oder in die Kanalisation führen, da das Regenwasser oberflächlich ablaufen kann. Es wird vermutet, dass Funde von Pflanzenschutzmittel-Wirkstoffen in Oberflächengewässern zu einem erheblichen Teil aus illegalen Anwendungen auf den genannten Freilandflächen resultieren. Deshalb bildet dieser Bereich einen besonderen Schwerpunkt im Pflanzenschutz-Kontrollprogramm. Insgesamt wurden 1.298 Betriebe bzw. Flächen kontrolliert und 480 Personen überprüft.

6.2.4.1 Anwendung von Pflanzenschutzmitteln auf Freilandflächen, die nicht landwirtschaftlich, forstwirtschaftlich oder gärtnerisch genutzt werden

Kontrolliert werden zum einen Flächen, für die eine Ausnahmegenehmigung beantragt worden ist. Im Falle einer Ablehnung kann dann überprüft werden, ob die Anwendung unterblieben ist. Im Falle einer Genehmigung wird kontrolliert, ob das eingesetzte Mittel und die behandelte Fläche der Genehmigung entsprechen und die Anwendungsbestimmungen und Auflagen eingehalten wurden. Zum anderen werden auch Kontrollen auf Flächen durchgeführt, für die keine Genehmigung beantragt wurde. In diesen Kontrollbereichen finden aufgrund von Anzeigen viele Anlasskontrollen statt. Zur Überprüfung wird der Eigentümer befragt; in einigen Fällen werden zusätzlich Boden- oder Pflanzenproben für eine Laboranalyse entnommen.

In Tab. 6.22 sind die Ergebnisse der Kontrollen aufgeführt. 277 Kontrollen erfolgten nach Erteilung oder Ablehnung einer Ausnahmegenehmigung. Bei 17 Kontrollen wurden Verstöße festgestellt. Die Beanstandungsquote von 6,1 % liegt deutlich unter den Ergebnissen aus dem Jahr 2010 (9,4 %). Die Nichteinhaltung von Auflagen

Tab. 6.21 Kontrollen zur Einhaltung der Anzeigepflicht (z. B. Lohnunternehmer, Unternehmen des Garten- und Landschaftsbaus) im Jahr 2011

	Kontrollen (Anzahl)	Beanstandungen (Anzahl, prozentual)
Anzahl Kontrollen	739	40 (5,4 %)

Tab. 6.22 Kontrollen zur Anwendung von Pflanzenschutzmitteln auf nicht landwirtschaftlich, forstwirtschaftlich oder gärtnerisch genutzten Freilandflächen einschließlich der Kontrolle von erteilten Ausnahmegenehmigungen im Jahr 2011

	Kontrollen (Anzahl)	Beanstandungen (Anzahl, prozentual)
Einhaltung erteilter/abgelehnter Ausnahmegenehmigungen		
Anzahl kontrollierter Ausnahmegenehmigungen (einschließlich Probenahme), Summe	277	17 (6,1 %)
Kontrollen auf nicht beantragten Flächen (z. B. nach Anzeigen oder bei Verdacht auf Pflanzenschutzmittelanwendung)		
Anzahl kontrollierter Flächen, Summe	1.253	423 (33,8 %)

bei erteilten bzw. abgelehnten Ausnahmegenehmigungen führte zu Bußgeldern bis zu 200 €.

Weiterhin wurden 1.253 Flächen kontrolliert, für die keine Genehmigungen beantragt waren, und in 33,8 % der Fälle Verstöße festgestellt. Da es sich hierbei überwiegend um Anlasskontrollen handelt, ist ein direkter Vergleich mit den Kontrollergebnissen aus dem Jahr 2010 (Beanstandungsquote 38,9 %) wenig aussagekräftig. Für die Anwendung von Pflanzenschutzmitteln auf nicht beantragten Flächen wurden Bußgelder bis 1.500 € erteilt. Anlässe für Kontrollen waren zum Beispiel Nachbarschaftsstreitigkeiten, Hinweise von Anwohnern oder Feststellungen der zuständigen Behörden.

Bei den Beanstandungen ging es z. B. um Privatpersonen, die befestigte Flächen (z. B. Auffahrten) mit Pflanzenschutzmitteln behandelt hatten, und um gewerbliche Betriebe, die ohne Genehmigung Pflanzenschutzmittel angewendet hatten. Auf Hof- und Betriebsflächen von landwirtschaftlichen Betrieben wurden sehr selten unerlaubte Anwendungen nachgewiesen. Weitere Beanstandungen betrafen die Anwendung von Pflanzenschutzmitteln unmittelbar am Böschungsrand von Gewässern oder auf Feldrainen sowie die Fehlanwendung auf Feldwegen bei der Behandlung landwirtschaftlicher Flächen.

Aus den Kontrollzahlen lassen sich keine Rückschlüsse auf den tatsächlichen Umfang von Fehlanwendungen ziehen; denn bei beiden in Tab. 6.22 aufgeführten Kate-

Tab. 6.23 Kontrollen der im Gebrauch befindlichen Pflanzenschutzgeräte bei der Anwendung von Pflanzenschutzmitteln auf nicht landwirtschaftlich, forstwirtschaftlich oder gärtnerisch genutzten Freilandflächen im Jahr 2011

	Kontrollen (Anzahl)	Beanstandungen (Anzahl, prozentual)
Anzahl kontrollierter Geräte während der Anwendung oder im Betrieb, Summe	277	3 (1,1 %)
• Davon systematische Kontrollen	181	2 (1,1 %)
• Davon Anlasskontrollen	96	1 (1,0 %)

Tab. 6.24 Kontrollen zu erforderlichen fachlichen Kenntnissen (Sachkunde) der Pflanzenschutzmittelanwender bei der Anwendung von Pflanzenschutzmitteln auf nicht landwirtschaftlich, forstwirtschaftlich oder gärtnerisch genutzten Freilandflächen im Jahr 2011

	Kontrollen (Anzahl)	Beanstandungen (Anzahl, prozentual)
Anzahl kontrollierter Anwender, Summe	1.370	23 (1,7 %)
• Davon systematische Kontrollen	1.176	5 (0,4 %)
• Davon Anlasskontrollen	194	18 (9,3 %)

Tab. 6.25 Kontrollen zur Dokumentation von Pflanzenschutzmittelanwendungen im Jahr 2011

	Kontrollen (Anzahl)	Beanstandungen (Anzahl, prozentual)
Anzahl kontrollierter Anwendungen, Summe	317	35 (11,0 %)
• Davon systematische Kontrollen	278	31 (11,2 %)
• Davon Anlasskontrollen	39	4 (10,3 %)

gorien handelt es sich um gezielte Kontrollen und nicht um repräsentative Kontrollen nach dem Zufallsprinzip. Dennoch zeigen die Ergebnisse, dass bezüglich der Vorschriften, die für die Anwendung von Pflanzenschutzmitteln auf nicht landwirtschaftlich, forstwirtschaftlich oder gärtnerisch genutzten Freiflächen gelten, offensichtlich Informationsdefizite in der Bevölkerung bestehen. Gerade beim Einsatz im privaten Bereich scheinen sich alte Gewohnheiten im Umgang mit Pflanzenschutzmitteln nur sehr langsam zu ändern.

6.2.4.2 Pflanzenschutzgeräte im Gebrauch

Die Anwendung von Pflanzenschutzmitteln auf nicht landwirtschaftlich, forstwirtschaftlich oder gärtnerisch genutzten Freilandflächen erfolgt häufig mittels tragbarer Geräte, die keiner Prüfpflicht unterliegen.

In Tab. 6.23 sind die Ergebnisse der 277 Kontrollen aufgeführt. Die Beanstandungsquote lag bei 1,1 % (2010: 3,6 %). Es wurden keine Bußgelder erteilt.

6.2.4.3 Sachkunde des Anwenders

Die Regelungen zur Sachkunde des Anwenders, wie sie in Abschn. 6.2.3.2 beschrieben sind, gelten auch für gewerbliche Anwendungen für Dritte und werden auch im Rahmen der Erteilung von Nichtkulturland-Ausnahmegenehmigungen gemäß § 6 Abs. 3 PflSchG berücksichtigt. Auf nicht landwirtschaftlich, forstwirtschaftlich oder gärtnerisch genutzten Freilandflächen erfolgten auch dazu Kontrollen.

Bei der Überprüfung von 1.370 Anwendern wurden 23 Personen (1,7 %) ohne die erforderliche Sachkunde festgestellt (Tab. 6.24). Die Beanstandungsquote liegt unter der des Vorjahres (2010: 4,0 %). Es wurden Bußgelder bis zu einer Höhe von 80 € erteilt.

6.2.4.4 Dokumentation von Pflanzenschutzmittelanwendungen

Der Einsatz von Pflanzenschutzmitteln muss gemäß § 6 Abs. 4 des Pflanzenschutzgesetzes vom Leiter des Betriebes dokumentiert werden. Es sind mindestens der Name des Anwenders, die jeweilige Anwendungsfläche, das Anwendungsdatum, das verwendete Pflanzenschutzmittel, die Aufwandmenge sowie das Anwendungsgebiet (Kultur und Schadorganismus) aufzuzeichnen. Bei Dienstleistern oder Privatpersonen ist die Dokumentationspflicht nicht generell gegeben, sondern hängt davon ab, ob im Genehmigungsbescheid nach § 6 Abs. 3 PflSchG die Dokumentation als Auflage festgeschrieben wurde.

Bei der Kontrolle werden die Unterlagen stichprobenartig auf ihre Plausibilität und Vollständigkeit geprüft. Es wird auch kontrolliert, ob die Aufzeichnungen mindestens für zwei Jahre aufbewahrt werden. In 35 von 317 kontrollierten Betrieben (11 %) fehlten Aufzeichnungen oder waren unvollständig (Tab. 6.25). Im Vorjahr lag die Beanstandungsquote deutlich höher (18,2 %).

6.2.4.5 Anzeigepflicht von gewerblichen Pflanzenschutzmittelanwendern und -beratern

Die Anwendung von Pflanzenschutzmitteln auf nicht landwirtschaftlich, forstwirtschaftlich oder gärtnerisch genutzten Freilandflächen kann auch durch Dienstleister erfolgen; dies betrifft z. B. Gleisanlagen oder städtische und gewerbliche Flächen. Im Siedlungsbereich gehören dazu auch Hausmeisterdienste. Gemäß § 9

PflSchG unterliegen Gewerbetreibende, die für Dritte Pflanzenschutzmittel anwenden oder andere über die Anwendung beraten, einer Anzeigepflicht bei den zuständigen Pflanzenschutzdiensten.

In Tab. 6.26 sind die Ergebnisse dargestellt. Bei 182 Kontrollen ergaben sich zwölf Verstöße, das entspricht einer Beanstandungsquote von 6,6 % (2010: 10,6 %).

6.3 Einhaltung der Vorschriften der Verordnung über das Inverkehrbringen und die Aussaat von mit bestimmten Pflanzenschutzmitteln behandeltem Maissaatgut (MaisPflSchMV)

2009 wurde erstmals die Einhaltung von Vorschriften der Verordnung über das Inverkehrbringen und die Aussaat von mit bestimmten Pflanzenschutzmitteln behandeltem Maissaatgut (MaisPflSchMV) überprüft. 2011 wurden diese Kontrollen fortgeführt. Die Mais-PflSchMV war aufgrund einer hohen Anzahl festgestellter Bienenschadensfälle im Jahr 2008 eingeführt worden. Mit der Verordnung über das Inverkehrbringen und die Aussaat von mit bestimmten Pflanzenschutzmitteln behandeltem Saatgut vom 11. Februar 2009 (Mais-Pflanzenschutzmittelverordnung), die durch die Verordnung vom 29. Juli 2009 geändert und deren Geltung über den 12. August 2009 hinaus verlängert worden ist, wurde ein vollständiges Verbot der Einfuhr und des Inverkehrbringens sowie der Aussaat von Maissaatgut verfügt, welches mit Clothianidin, Imidacloprid und Thiamethoxam behandelt wurde. Darüber hinaus enthält die Verordnung strenge Vorgaben zur Beizung von Mais mit Methiocarb sowie zur Beizqualität und Aussaattechnik von methiocarbhaltigem Maissaatgut.

Die Beachtung der Vorschriften der Mais-Pflanzenschutzmittelverordnung wird seit dem Jahr 2009 in den Ländern durch Kontrollen in Betrieben des Saatguthandels, in Beizbetrieben und Maisanbaubetrieben intensiv überwacht. Es wurden nur wenige Beanstandungen festgestellt. Im Jahr 2011 wurden die Kontrollen aufgrund der potentiellen Schäden an Bienenvölkern, die sich bei einer Nichteinhaltung ergeben können, fortgesetzt. Neben den Kontrollen haben die Pflanzenschutzdienste der Länder, das Julius Kühn-Institut (als zuständige Behörde für die Prüfung von Pflanzenschutzmitteln im Prüfbereich Wirksamkeit/Nachhaltigkeit einschl. Honigbienen) und das Bundesamt für Verbraucherschutz und Lebensmittelsicherheit (als Zulassungsbehörde für Pflanzenschutzmittel) mit dem Bund Deutscher Pflanzenzüchter e. V., den Herstellern von Mais-

Tab. 6.26 Kontrollen zur Einhaltung der Anzeigepflicht (Dienstleister) bei der Anwendung von Pflanzenschutzmitteln auf nicht landwirtschaftlich, forstwirtschaftlich oder gärtnerisch genutzten Freilandflächen im Jahr 2011

	Kontrollen (Anzahl)	Beanstandungen (Anzahl, prozentual)
Anzahl Kontrollen, Summe	182	12 (6,6 %)

Tab. 6.27 Kontrollen zur Einhaltung der Mais-Pflanzenschutzmittelverordnung in Beizstellen und in Betrieben des Saatguthandels bzw. Einfuhrkontrollen im Jahr 2011

	Beizstellen		Handelsbetriebe*	
	Kontrollen (Anzahl)	Beanstandungen (Anzahl, prozentual)	Kontrollen (Anzahl)	Beanstandungen (Anzahl, prozentual)
Gesamt (Betriebe)	5		102	
• Davon Saatgutanalysen	44	0	166	3 (1,8 %)
• Staubabriebprüfung	44	0	0	0

* einschließlich Einfuhrkontrollen

Tab. 6.28 Kontrollen zur Einhaltung der Mais-Pflanzenschutzmittelverordnung in Maisanbaubetrieben im Jahr 2011

	Maisanbaubetriebe	
	Kontrollen (Anzahl)	Beanstandungen (Anzahl, prozentual)
Gesamt (Betriebe)	357	
Zulässigkeit der Wirkstoffe im ausgesäten Saatgut		
• Davon Saatgutanalysen	354	36 (10,2 %)
• Davon Beanstandungen in anwendungsrelevanter Konzentration		1 (0,3 %)
• Davon Beanstandungen in Anhaftungskonzentration		35 (9,9 %)
Verwendung zulässiger Sägeräte für die Aussaat von mit Methiocarb gebeiztem Saatgut	313	3* (1,0 %)

* In einigen weiteren Fällen wurde Saatgut mit Methiocarb-Anhaftungen bzw. einer Methiocarb-Beizung ausgebracht. Die Ausbringung hätte nur mit Sägeräten mit Abdriftminderung (sog. Deflektortechnik) erfolgen dürfen. Die Wirkstoffe waren jedoch nicht auf dem Saatgut angegeben.

sägeräten und Beizstellen eng zusammengearbeitet, um die Einhaltung der Vorgaben der MaisPflSchMV sicher zu stellen.

Kontrolliert wurden fünf Beizbetriebe, 59 Saatguthandelsbetriebe, 43 Saatgutimporte während der Einfuhr und 357 Maisanbaubetriebe.

Die Ergebnisse der Kontrollen der Beizbetriebe und des Saatguthandels sind in Tab. 6.27 dargestellt.

In den fünf kontrollierten Beizbetrieben wurde unter anderem überprüft, ob die verwendeten Beizmittel zulässig waren und die Beizgeräte den Vorschriften entsprachen. Bei 44 Saatgutchargen, die mit Methiocarb gebeizt wurden, wurde überprüft, ob der Grenzwert für den Staubabrieb von maximal 0,75 Gramm je 100.000 Korn eingehalten wurde. Es wurden keine Mängel festgestellt.

In 59 Saatguthandelsbetrieben bzw. bei 43 Einfuhrkontrollen wurden insgesamt 166 Saatgutchargen chemisch analysiert. Bei drei der 166 Proben wurden geringe Anhaftungskonzentrationen von Clothianidin, Imidacloprid oder Thiamethoxam gefunden. Die geringen Anhaftungskonzentrationen deuten auf Verunreinigungen hin.

Tabelle 6.28 zeigt die Ergebnisse aus den Maisanbaubetrieben. Die Kontrollen erfolgten anhand von Saatgutlieferbelegen und durch chemische Analysen. Insgesamt wurden 36 Proben beanstandet. In einer von 36 aufgrund von chemischen Analysen beanstandeten Proben wurden die vollständig verbotenen Wirkstoffe in anwendungsrelevanten Konzentrationen vorgefunden, während 35 Proben lediglich geringe Anhaftungskonzentrationen aufwiesen. Insgesamt wurden in rund 10 % der kontrollierten Saatgutproben die Vorgaben der MaisPflSchMV nicht eingehalten (2010: 3 %).

In 313 Kontrollen im Rahmen von Feld- und Betriebsüberwachungen wurde geprüft, ob die Vorschriften aus § 3 Abs. 3 der Verordnung beachtet wurden, wonach mit Methiocarb behandeltes Saatgut mit pneumatischen Geräten zur Einzelkornablage nur unter der Voraussetzung ausgesät werden darf, dass das verwendete Gerät mit einer Vorrichtung ausgestattet ist, die die erzeugte Abluft auf oder in den Boden leitet und dadurch eine Abdriftminderung von Stäuben von mindestens 90 % erreicht. Bei 3 Kontrollen (1,0 %) wurden nicht zulässige Sägeräte vorgefunden (2010: 2,4 %).

Aufgrund der risikoorientierten Auswahl von Betrieben können keine Aussagen über einen möglichen Trend gegenüber dem Vorjahr gemacht werden. Insgesamt zeigen die Überwachungsdaten, dass die Mais-Pflanzenschutzmittelverordnung von den betroffenen Wirtschaftskreisen weitgehend beachtet wurde. Die Nachweise von unerlaubten Anhaftungen in Maissaatgut zeigen jedoch, dass weiterhin an einer Reduzierung dieser Anhaftungen gearbeitet werden muss. Das Beispiel „Maßnahmen zur Sicherstellung der Grenzwerte der MaisPflSchMV" zeigt die Aktivitäten zur Einführung eines Qualitätssicherungssystems in den Beizstellen, die sich nicht nur auf Deutschland beschränken.

Maßnahmen zur Sicherstellung der Grenzwerte der MaisPflSchMV

Neben den nationalen Regelungen, die aufgrund der Bienenvergiftungen im Jahr 2008 umgehend in Kraft gesetzt wurden, sieht die Richtlinie 2010/21/EU für die Mitgliedstaaten der EU vor, dass Beizungen mit den Wirkstoffen Imidacloprid, Thiamethoxam, Clothianidin und Fipronil nur in professionellen Anlagen vorgenommen werden dürfen. Die Vorgaben der Richtlinie 2010/21/EU beinhalten hinsichtlich der Anforderungen an die Beizstellen dabei mehr als nur die Sicherstellung der Einhaltung eines vorgegebenen Grenzwertes für eine tolerierbare Staubmenge im Saatgut: Die Einrichtungen müssen die beste zur Verfügung stehende Technik anwenden, damit gewährleistet ist, dass die Reduzierung der Emission von Stäuben infolge Anwendung, Lagerung und Beförderung auf ein Mindestmaß reduziert wird. Auf dem Etikett von behandeltem Saatgut muss der Wirkstoffname angegeben werden, wenn das Saatgut mit einem der genannten Wirkstoffe behandelt wurde, sowie die in der Zulassung festgelegten Maßnahmen zur Risikominderung.

Eine Arbeitsgruppe, bestehend aus Vertretern des Bundesverbandes Deutscher Pflanzenzüchter (BDP), des Julius Kühn-Instituts (JKI) und des Bundesamtes für Verbraucherschutz und Lebensmittelsicherheit (BVL) sowie einigen deutschen Saatgutbehandlungsstellen, hat im Rahmen eines Pilotprojektes zur Saatgutbehandlung von Winterraps ein Qualitätssicherungssystem (QSS) entwickelt. Dabei handelt es sich um ein System mit Vorgaben zu der technischen Ausgestaltung der jeweiligen Beizanlage, zu den Beizprozessen, zur Regelung der Zuständigkeiten in der jeweiligen Beizstelle, zur automatischen Probenahme mit Rückstellproben, zur Sachkunde des eingesetzten Personals, zur Behandlung fehlerhafter Chargen, zur regelmäßigen Kalibrierung der Mess- und Dosiereinrichtungen, zur Ausbildung des Personals, zur Kennzeichnung der Saatgutverpackungen und zur Dokumentation. Betriebe, die die Vorgaben, die anhand einer Checkliste überprüft werden, einhalten, werden vom JKI in die Liste der Saatgutbehandlungseinrichtungen mit QSS zur Staubminderung eingetragen.

Analoge QSS sind zurzeit für weitere relevante Fruchtarten in Vorbereitung (z. B. Zuckerrübe, Getreide, Mais). Ein Vorteil der Zertifizierung liegt darin begründet, dass Beizanlagen auf Initiative der European Seed Association (ESA) im europäischen Ausland nach gleichem Muster überprüft werden.

6.4   Kontrolle von Pflanzenschutzgeräten

6.4.1   Inverkehrbringen von Pflanzenschutzgeräten

Hersteller, Vertriebsunternehmen oder diejenigen, die Pflanzenschutzgeräte erstmalig zu gewerblichen Zwecken einführen wollen, werden daraufhin kontrolliert, ob die Geräte den gesetzlichen Anforderungen entsprechen. Nach § 24 PflSchG müssen Pflanzenschutzgeräte so beschaffen sein, dass ihre Verwendung beim Ausbringen von Pflanzenschutzmitteln keine schädlichen Auswirkungen auf die Gesundheit von Mensch und Tier, auf das Grundwasser oder auf den Naturhaushalt hat, die nach dem Stande der Technik vermeidbar sind. Daher werden Pflanzenschutzgeräte vom Julius Kühn-Institut (JKI) geprüft und bei Erfüllung der Voraussetzungen in eine Pflanzenschutzgeräteliste eingetragen. Bei den Kontrollen wird geprüft, ob nur Geräte importiert und verkauft werden, für die beim JKI ein so genanntes Erklärungsverfahren gemäß § 25 PflSchG durchgeführt wurde. Die Kontrolldurchführung erfolgt insbesondere auf Ausstellungen und Messen, da es speziell um Anforderungen beim erstmaligen Inverkehrbringen von Pflanzenschutzgeräten geht.

In 152 Betrieben wurden Kontrollen durchgeführt und in zehn Betriebe (6,6 %) Mängel festgestellt (Tab. 6.29).

6.4.2   Überprüfung von im Gebrauch befindlichen Pflanzenschutzgeräten

Die Funktionstüchtigkeit von Pflanzenschutzgeräten wird in den Ländern von amtlich anerkannten oder amtlichen Kontrollstellen überprüft. Diese Überprüfung muss alle vier Kalenderhalbjahre wiederholt werden; die erfolgreiche Prüfung wird durch eine Plakette und einen Kontrollbericht dokumentiert. Die Ergebnisse werden im Julius Kühn-Institut (Institut für Anwendungstechnik, Braunschweig) gesammelt und sind in diesem Jahresbericht aufgeführt, da sie die Anwendung von Pflanzenschutzmitteln betreffen. Die Überprüfungen im Jahr

Tab. 6.29 Kontrollen zum Inverkehrbringen und der Einfuhr von Pflanzenschutzgeräten im Jahr 2011

	Kontrollen (Anzahl)	Beanstandungen (Anzahl, prozentual)
Anzahl kontrollierter Betriebe, Summe	152	10 (6,6 %)
• Davon systematische Kontrollen	152	10 (6,6 %)
• Davon Anlasskontrollen	0	0 (–)

Tab. 6.30 Geräteüberprüfungen in amtlich anerkannten oder amtlichen Kontrollstellen (Anzahl gemäß vorliegender Prüfprotokolle) im Jahr 2011 (Quelle: Julius Kühn-Institut, Institut für Anwendungstechnik, Braunschweig)

	Überprüfungen (Anzahl)	Erteilte Plakette prozentual
Anzahl überprüfter Geräte, Summe	70.063	
• Davon geprüfte Feldspritzgeräte	53.898	99,7* %
• Davon geprüfte Spritz- und Sprühgeräte für Raumkulturen	16.165	> 99* %

* Nicht aus allen Ländern lagen hierzu Meldungen vor.

2011 geben Auskunft über die Größenordnung der in Verwendung befindlichen Geräte (Tab. 6.30): Die im Jahr 2011 geprüften 53.898 Spritzgeräte für Flächenkulturen stellen einen Anteil von rund 42,0 % des Gesamtbestandes dar; die im Jahr 2011 geprüften 16.165 Sprühgeräte für Raumkulturen, wie Obst, Wein oder Hopfen, nehmen einen Anteil von rund 39 % des Gesamtbestandes ein. Tabelle 6.30 zeigt, dass nach der Überprüfung 99,7 % der Feldspritzgeräte und mehr als 99 % der Spritz- und Sprühgeräte für Raumkulturen eine Prüfplakette erteilt wurde. Kleinere festgestellte Mängel wurden vor der Plakettenerteilung beseitigt.

Die meisten Mängel treten an folgenden Geräteteilen auf:

- bei Spritz- und Sprühgeräten für Flächenkulturen an Leitungssystemen und Düsen sowie an der Querverteilung,
- bei Sprühgeräten für Raumkulturen an Leitungssystemen und an Spritzfächern bzw. -kegeln.

Nähere Informationen über die Gerätekontrolle sind im Internet des Julius Kühn-Instituts erhältlich unter: http://www.jki.bund.de, Suche unter den Stichworten: Anzahl kontrollierter Feldspritzgeräte 2011.

6.4.3   Überprüfung der Kontrollstellen

Die Kontrollstellen, die die Geräteprüfungen durchführen, werden durch die Pflanzenschutzdienste regelmäßig überwacht. Im Jahr 2011 wurden 363 Inspektionen in den Kontrollstellen durchgeführt und in 30 Fällen (8,3 %) Verstöße festgestellt (2010: 10,1 %). Es wurde z. B. bemängelt, dass die Geräteprüfung in den Kontrollstellen teilweise nicht gemäß den Vorgaben der Richtlinie für die Prüfung von Pflanzenschutzmitteln und Pflanzenschutzgeräten Teil VII der Biologischen Bundesanstalt für Land- und Forstwirtschaft durchgeführt wird.

Anlasskontrollen

Anlasskontrollen dienen zur Aufklärung von offensichtlichen oder vermuteten Verstößen gegen das Pflanzenschutzrecht, die durch Anzeigen, Verdachtsmomente oder Auffälligkeiten bekannt werden.

Anwendungsbestimmungen

Vom Bundesamt für Verbraucherschutz und Lebensmittelsicherheit mit der Zulassung festgesetzte Vorschriften zum Schutz der Gesundheit von Mensch und Tier und zum Schutz vor sonstigen schädlichen Auswirkungen, insbesondere auf den Naturhaushalt.

Anwendungsgebiet

Der Zweck, für den die Anwendung des Pflanzenschutzmittels zugelassen bzw. genehmigt ist; in der Regel die Kombination aus der Kulturpflanze oder dem Pflanzenerzeugnis und dem Schadorganismus, gegen den die Pflanze/das Pflanzenerzeugnis geschützt wird.

Beistoffe

Beistoffe oder Formulierungshilfsstoffe sind Stoffe oder Zubereitungen, die neben den technischen Wirkstoffen im Pflanzenschutzmittel enthalten sind und dem Produkt die für die Anwendung erforderlichen Eigenschaften verleihen. Der Einsatz von Beistoffen stellt die erforderliche Verteilung der Wirkstoffe in der Spritzlösung, die Lagerstabilität, die Handhabung und die Ausbringung des Pflanzenschutzmittels sicher und sorgt für die Sicherheit des Anwenders. Beistoffe können aus mehreren Komponenten (Beistoffsubstanzen) bestehen. Beispiele für Beistoffe: Lösemittel, Emulgatoren, Haftmittel, Stabilisatoren, Schaumverminderer.

Freilandflächen, die nicht landwirtschaftlich, forstwirtschaftlich oder gärtnerisch genutzt werden

Zu solchen Freilandflächen zählen z. B.:

- angrenzende Feldraine, Böschungen, nicht bewirtschaftete Flächen und Wege einschließlich der Wegränder,

- Verkehrsflächen jeglicher Art wie Gleisanlagen, Straßen-, Wege-, Hof- und Betriebsflächen sowie sonstige durch Tiefbau veränderte Areale.

Gute fachliche Praxis

Nach dem PflSchG ist bei der Anwendung von Pflanzenschutzmitteln nach guter fachlicher Praxis zu verfahren. Die aktuelle Fassung der Grundsätze zur Durchführung der guten fachlichen Praxis im Pflanzenschutz wurde im Bundesanzeiger Nr. 76a vom 21. Mai 2010 bekannt gemacht.

Inverkehrbringen

Das Anbieten, Vorrätighalten zur Abgabe, Feilhalten und jedes entgeltliche oder unentgeltliche Abgeben von Pflanzenschutzmitteln an andere.

Kontrollschwerpunkt

Die Schwerpunkte im Pflanzenschutz-Kontrollprogramm werden jährlich neu festgelegt, um auf aktuelle Entwicklungen reagieren zu können. Folgende Informationen und Kriterien finden dabei Berücksichtigung:

- Hinweise über den Einsatz von Pflanzenschutzmitteln in nicht zugelassenen oder genehmigten Anwendungsgebieten aufgrund von Rückstandsfunden der Lebensmittelüberwachung,
- Hinweise über Verstöße aus den Kontrollen der Vorjahre,
- Kulturen mit intensivem Pflanzenschutzmitteleinsatz,
- Änderung der Zulassungssituation (Widerruf von Zulassungen),
- Grundwassermonitoring der Länder.

Parallelimporte

Aufgrund des unterschiedlichen Preisniveaus werden Pflanzenschutzmittel von Anwendern oder Handelsunternehmen häufig aus anderen Mitgliedstaaten der Europäischen Union oder des Europäischen Wirtschafts-

Berichte zu Pflanzenschutzmitteln 2011, DOI 10.1007/978-3-0348-0543-8_7,
© Bundesamt für Verbraucherschutz und Lebensmittelsicherheit (BVL) 2013

raumes nach Deutschland importiert. Dies ist wegen der Freiheit des Warenverkehrs grundsätzlich möglich. Nach der Rechtsprechung des Europäischen Gerichtshofs bedürfen diese so genannten Parallelimporte keiner eigenen Zulassung, wenn sie in der Zusammensetzung mit einem in Deutschland zugelassenen Pflanzenschutzmittel übereinstimmen und einige weitere Voraussetzungen erfüllt sind. Im Handel dürfen Parallelimporte nur angeboten werden, wenn sie durch eine Verkehrsfähigkeitsbescheinigung bzw. Genehmigung des BVL anerkannt sind. Nachgeahmte Produkte, oft als Generika bezeichnet, die keine Zulassung in einem Mitgliedstaat der Europäischen Union besitzen, sind keine Parallelimporte und dürfen ohne Zulassung nicht vermarktet werden. Mit Inkrafttreten der Verordnung (EG) Nr. 1107/2009 am 14. Juni 2011 werden Parallelimporte fortan als parallel gehandelte Pflanzenschutzmittel bezeichnet.

Pflanzenschutzgerät

Geräte und Einrichtungen, die zum Ausbringen von Pflanzenschutzmitteln bestimmt sind, z. B. Traktor-Anbau-, -Aufbau-, und -Anhängegeräte sowie selbst fahrende Geräte, Karrenspritzen, tragbare Spritzen und Rückenspritzen.

Pflanzenschutzmittel

Die Verordnung (EG) Nr. 1107/2009 definiert in Artikel 2(1) Pflanzenschutzmittel als Produkte, die für einen der folgenden Verwendungszwecke bestimmt sind:

- Pflanzen oder Pflanzenerzeugnisse vor Schadorganismen zu schützen oder deren Einwirkung vorzubeugen, soweit es nicht als Hauptzweck dieser Produkte erachtet wird, eher hygienischen Zwecken als dem Schutz von Pflanzen oder Pflanzenerzeugnissen zu dienen;
- in einer anderen Weise als Nährstoffe die Lebensvorgänge von Pflanzen zu beeinflussen (z. B. Wachstumsregler);
- Pflanzenerzeugnisse zu konservieren, soweit diese Stoffe oder Produkte nicht besonderen Gemeinschaftsvorschriften über konservierende Stoffe unterliegen;
- unerwünschte Pflanzen oder Pflanzenteile zu vernichten, mit Ausnahme von Algen, es sei denn, die Produkte werden auf dem Boden oder im Wasser zum Schutz von Pflanzen ausgebracht;
- ein unerwünschtes Wachstum von Pflanzen zu hemmen oder einem solchen Wachstum vorzubeugen, mit Ausnahme von Algen, es sei denn, die Produkte werden auf dem Boden oder im Wasser zum Schutz von Pflanzen ausgebracht.

Pflanzenstärkungsmittel

Die Novelle des Pflanzenschutzgesetzes, die am 14. Februar 2012 in Kraft getreten ist, definiert Pflanzenstärkungsmittel als Stoffe und Gemische einschließlich Mikroorganismen, die

- ausschließlich dazu bestimmt sind, allgemein der Gesunderhaltung der Pflanzen zu dienen, soweit sie nicht Pflanzenschutzmittel nach Artikel 2 Absatz 1 der Verordnung (EG) Nr. 1107/2009 sind, oder
- dazu bestimmt sind, Pflanzen vor nichtparasitären Beeinträchtigungen zu schützen.

Sachkunde

Nach geltendem Recht dürfen Pflanzenschutzmittel nur von Personen angewandt werden, die die erforderliche Zuverlässigkeit und die erforderlichen fachlichen Kenntnisse besitzen. Analog muss jede Person, die im Einzel- und Versandhandel Pflanzenschutzmittel abgibt, die erforderliche Zuverlässigkeit und fachlichen Kenntnisse besitzen. Ein Nachweis kann erfolgen:

- durch die Vorlage eines Zeugnisses über eine bestandene Berufsabschluss-, Fortbildungs- oder Umschulungsprüfung oder über ein abgeschlossenes Hoch- oder Fachhochschulstudium in bestimmten Berufsgruppen,
- durch eine Prüfung nach der Pflanzenschutz-Sachkundeverordnung.
- Auf Antrag kann die zuständige Behörde auch den erfolgreichen Abschluss in einer anderen Aus-, Fort- oder Weiterbildung als Nachweis der erforderlichen fachlichen Kenntnisse und Fertigkeiten anerkennen, wenn die Vermittlung solcher Kenntnisse und Fertigkeiten Gegenstand der jeweiligen Aus-, Fort- oder Weiterbildung gewesen ist.

Im Haus- und Kleingartenbereich ist dieser Nachweis nicht erforderlich, allerdings hat der Gesetzgeber hier im Sinne des Verbraucherschutzes Vorsorge getroffen, indem er die für den Haus- und Kleingartenbereich erlaubten Mittel vorgibt sowie eine Beratung durch den Abgeber vorschreibt.

Systematische Kontrollen

Systematische Kontrollen sind vorab geplante und bezüglich des Kontrollumfangs festgelegte Überprüfungen. Der Kontrollumfang kann bei systematischen Kontrollen alle vor Ort prüfbaren Kontrolltatbestände umfassen oder auf bestimmte Tatbestände reduziert sein (Schwerpunktkontrollen). Die risikobasierten Schwerpunkte der Kontrollen können jährlich wechseln.

Verunreinigungen

Jeder Bestandteil außer dem reinen Wirkstoff und/oder der Wirkstoffvariante, der/die sich im technischen Material befindet (auch durch Herstellungsprozess oder den Abbau während der Lagerung entstanden).

Wirkstoffe von Pflanzenschutzmitteln

Chemische Elemente oder Verbindungen, wie sie natürlich vorkommen oder zu gewerblichen Zwecken hergestellt werden (einschließlich der Verunreinigungen) mit Wirkung auf Schadorganismen, Pflanzen oder Pflanzenerzeugnisse. Mikroorganismen einschließlich Viren und ähnliche Organismen sowie ihre Bestandteile sind den chemischen Elementen gleichgestellt.

Zusatzstoffe

Stoffe, die dazu bestimmt sind, Pflanzenschutzmitteln zugesetzt zu werden, um ihre Eigenschaften oder Wirkungen zu verändern, ausgenommen Wasser und Düngemittel.

Baden-Württemberg
Landwirtschaftliches Technologiezentrum
Augustenberg (LTZ)
Außenstelle Stuttgart
Reinsburgstraße 107, 70197 Stuttgart
Tel.: 0721 9468-450, Fax: 0721 9468-451
E-Mail: poststelle-s@ltz.bwl.de
http://www.LTZ-Augustenberg.de

Regierungspräsidium Stuttgart
– Pflanzenschutzdienst –
Postfach 80 07 09, 70507 Stuttgart
Ruppmannstr. 21, 70565 Stuttgart
Tel.: 0711 904-0; Fax: 0711 904-13090
E-Mail: Abteilung3@rps.bwl.de

Regierungspräsidium Karlsruhe
– Pflanzenschutzdienst –
Schlossplatz 4–6, 76131 Karlsruhe
Tel.: 0721 926-0; Fax: 0721 926-5337
E-Mail: Abteilung3@rpk.bwl.de

Regierungspräsidium Freiburg
– Pflanzenschutzdienst –
Bertoldstraße 43, 79098 Freiburg/Breisgau
Tel.: 0761 208-0; Fax: 0761 208-1268
E-Mail: Abteilung3@rpf.bwl.de

Regierungspräsidium Tübingen
– Pflanzenschutzdienst –
Postfach 26 66, 72016 Tübingen
Konrad-Adenauer-Straße 20, 72072 Tübingen
Tel.: 07071 757-0; Fax: 07071 757-31 90
E-Mail: Abteilung3@rpt.bwl.de

Bayern
Anwendungskontrolle:
Bayerische Landesanstalt für Landwirtschaft
– Institut für Pflanzenschutz –
Lange Point 10, 85354 Freising
Telefon: 08161 71-5213, Telefax: 08161 71-5198

E-Mail: Pflanzenschutz@LfL.bayern.de
http://www.LfL.bayern.de

Verkehrskontrolle:
Bayerische Landesanstalt für Landwirtschaft
– Verkehrs- und Betriebskontrollen –
Am Gereuth 8, 85354 Freising
Telefon: 08161 71-3137, Telefax: 08161 71-5227
E-Mail: Verkehrskontrolle@LfL.bayern.de
http://www.LfL.bayern.de

Berlin
Pflanzenschutzamt Berlin
Mohriner Allee 137, 12347 Berlin
Telefon: 030 700006-0, Telefax: 030 700006-255
E-Mail: pflanzenschutzamt@senstadtum.berlin.de
http://www.stadtentwicklung.berlin.de/pflanzenschutz

Brandenburg
Landesamt für Ländliche Entwicklung, Landwirtschaft
und Flurneuordnung
– Pflanzenschutzdienst –
Müllroser Chaussee 54, 15236 Frankfurt (Oder)
Telefon: 0335 560-2101, Telefax: 0335 560-2113
E-Mail:
poststelle.pflanzenschutzdienst@lelf.brandenburg.de
http://lelf.brandenburg.de/

Bremen
Lebensmittelüberwachungs-, Tierschutz- und Veterinär-
dienst des Landes Bremen
– Pflanzenschutzdienst –
Lötzener Straße 3, 28207 Bremen
Telefon: 0421 361-89204, Telefax: 0421 361-16644
E-Mail: birte.evers@veterinaer.bremen.de
http://www.lmtvet.bremen.de

Hamburg
Behörde für Wirtschaft, Verkehr und Innovation (BWVI)
Pflanzengesundheitskontrolle
Indiastraße 3

Berichte zu Pflanzenschutzmitteln 2011, DOI 10.1007/978-3-0348-0543-8_8,
© Bundesamt für Verbraucherschutz und Lebensmittelsicherheit (BVL) 2013

20457 Hamburg
Telefon: 040 42841-5208, Telefax: 040 427941-069
E-Mail: gregor.hilfert@bwvi.hamburg.de
http://pflanzenschutz.hamburg.de/

Hessen
Regierungspräsidium Gießen
Pflanzenschutzdienst Hessen
Schanzenfeldstraße 8, 35578 Wetzlar
Telefon: 0641 303-5210, Telefax: 0641 303-5104
E-Mail: martin.kerber@rpgi.hessen.de
http://www.rp-giessen.de

Mecklenburg-Vorpommern
Landesamt für Landwirtschaft, Lebensmittelsicherheit
und Fischerei Mecklenburg-Vorpommern
– Abteilung Pflanzenschutzdienst –
Graf-Lippe-Str. 1, 18059 Rostock
Telefon: 0381 4035-0, Telefax: 0381 4922-665
E-Mail: pflanzenschutzdienst@lallf.mvnet.de
http://www.lallf.de

Niedersachsen
Landwirtschaftskammer Niedersachsen
Pflanzenschutzamt
Standort Hannover
Wunstorfer Landstraße 9, 30453 Hannover
Telefon: 0511 4005-0, Telefax: 0511 4005-2120
E-Mail: Pflanzenschutzamt@lwk-niedersachsen.de
http://www.ml.niedersachsen.de
http://www.lwk-niedersachsen.de

Nordrhein-Westfalen
Pflanzenschutzdienst der
Landwirtschaftskammer Nordrhein-Westfalen
Postfach 30 08 64, 53188 Bonn
Siebengebirgsstraße 200, 53229 Bonn-Roleber
Telefon: 0228 703-0, Telefax: 0228 703-2102
E-Mail: pflanzenschutzdienst@lwk.nrw.de
http://www.landwirtschaftskammer.de/landwirtschaft/
pflanzenschutz/

Rheinland-Pfalz
Aufsichts- und Dienstleistungsdirektion Trier
Referat 42 – Pflanzenschutz –
Postfach 13 20, 54203 Trier
Willy-Brandt-Platz 3, 54290 Trier
Telefon: 0651 9494-0, Telefax: 0651 9494-170
E-Mail: poststelle@add.rlp.de
http://www.agrarinfo.rlp.de

Saarland
Anwendungskontrolle:
Landesamt für Agrarwirtschaft und Landentwicklung
Dörrenbachstraße 2, 66822 Lebach
Telefon: 06881 500-0, Telefax: 06881 500-101
E-Mail: poststelle@lal.saarland.de
http://www.wirtschaft.saarland.de

Verkehrskontrolle:
Landwirtschaftskammer für das Saarland
Dillinger Straße 67, 66822 Lebach
Telefon: 06881 928-111, Telefax: 06881 928-100
E-Mail: dr.klaus-peter.brueck@lwk-saarland.de
http://www.lwk-saarland.de

Sachsen
Sächsisches Landesamt für Umwelt, Landwirtschaft
und Geologie
Abteilung 3 – Vollzug Agrarrecht, Förderung
Referat 35 – Kontrolldienst Agrarwirtschaft
Zur Wetterwarte 11, 01109 Dresden
Telefon: 0351 8928-35 01, Telefax: 0351 26 8928 3599
E-Mail: katrin.kittler@smul.sachsen.de
http://www.smul.sachsen.de/lfulg

Sachsen-Anhalt
Landesanstalt für Landwirtschaft, Forsten und Garten-
bau,
Dezernat Pflanzenschutz
Strenzfelder Allee 22, 06406 Bernburg
Telefon: 03471 334-342, Telefax: 03471 334-109
E-Mail: Pflanzenschutz@llfg.mlu.sachsen-anhalt.de
http://www.llfg.sachsen-anhalt.de

Schleswig-Holstein
Landwirtschaftskammer Schleswig-Holstein
Abt. Pflanzenbau, Pflanzenschutz, Umwelt
Referat Genehmigungen, Kontrollen und Sachkunde
Grüner Kamp 15-17, 24768 Rendsburg
Telefon: 04331 9453-312, Telefax: 04331 9453-389
E-Mail: Cheidbreder@lksh.de
http://www.lksh.de

Thüringen
Thüringer Landesanstalt für Landwirtschaft
Referat 410 – Pflanzenschutz –
Kühnhäuser Straße 101, 99189 Erfurt-Kühnhausen
Telefon: 0361 55068-0, Telefax: 0361 55068-140
E-Mail: pflanzenschutz@tll.thueringen.de
http://www.thueringen.de/de/tll/